職場
認真
27

成功拿下訂單
48招
頂尖業務
銷售技巧

專訪1000位
各產業頂尖業務，
整理出你也能做到的銷售、
建立關係的科學方法

山田和裕 Kazuhiro Yamada
楊鈺儀——譯

1000人の
トップセールスを
データ分析してわかった
営業の正解

■ 目次 ■

讓人信任的商務禮儀

提案・展示

從個人力轉向組織力

第4章 銷售業務的正確做法・高級篇

給想成為「絕對王牌」的人

和顧客建立關係

高級戰術

第5章 銷售業務的正確做法・頂級篇

給以「科學方式銷售」為目標的人

把收集到的數據視覺化

科學式思考法

前言

看到「銷售業務的正確做法」這樣的說法，或許有人會覺得很奇怪吧。

「銷售業務沒什麼正確做法！」

「銷售業務是很個人化的做法！」

「若有一百名業務員，就會有一百種做法！」

因為對於常聽到這種說法、習慣這樣思考的人來說，這種說法澈底顛覆了他們深信的常識。

其實，「頂尖業務」都有一種跨行業／產業的共通成功特質，那就是「銷售業務的正確做法」。反過來說，「平庸業務」則有一種共通的失敗特質（不好的習慣），就是銷售業務的不正確做法，也就是錯誤做法。

本書匯集了銷售業務的各種正確做法。除了會對比「頂尖業務」與「平庸業務」在進行銷售時常見的差異外，也會透過回答各種問題來介紹正確的做法。

此外，在各項目中還會摻雜豐富的事例與分析的例子，包含IT、汽車、保險、醫藥、旅行、行政業務、機械、零件、建築、住宅、飲料、人才派遣、辦公設備、連鎖餐飲、綜合物流等業界的事例。

本書將以不同的觀點來說明銷售業務的趨勢變化，以推導出正確的做法。**現今的銷售業務，就是要分擔顧客的問題，並一起解決**。若不理解銷售業務的本質，只是單純想賣商品而不經思考，就會覺得工作很無聊。然而，如果將銷售業務定義為幫助顧客解決問題，就會覺得這份工作很有創意又很有吸引力。

銷售業務是重要且有價值的工作。不論商品多好，都無法只靠網路販售。業務員還須察覺顧客的需求，在創意上下功夫，提出打動人心的方案。所以業務員須具備多項能力。

有時候，業務員也會因為客戶的疏遠、冷淡以對，而覺得工作很辛苦。該怎麼做才能讓顧客感謝自己，並有效地販售自家產品或服務呢？這是銷售業務永遠的主題。

重點就在於，要在解決問題型與諮詢型之間切換。對客戶來說，業務員本來只是一位交易者，但透過業務員的切換，情況就會變得不一樣，客戶甚至還會把業務員視為老師。

話雖這麼說，要轉換成解決問題型的業務員，並沒有嘴巴上說說的這麼簡單。除了努力外，還會有個困擾，即難以獲得銷售上的成果。所以，幾乎沒有公司願意有系統、有邏輯地教導員工銷售業務的致勝模式。

除了讓員工學習基本禮節、灌輸決心，就只能靠業務員以自己的方式勉強去做，這就是日本的銷售業務在過去五十年來都沒有進步的事實。

「頂尖業務員的工作方式都是怎樣的呢？」

「有沒有易懂又有邏輯的銷售業務手法呢？」

即便讀了商業類雜誌，也沒有再現性。出現在雜誌裡的，都是些漂亮的理想狀況，或怎樣都模仿不來的戲劇性內容，再者就是一些不合時宜的悲情手法，例如即便被顧客討厭，仍不斷拜訪和低頭道歉，最後贏得客戶的同情，讓他們購買產品等。話說回來，即使是能再現的案例，我們也不可能透過雜誌上那僅有的一、二頁文章，就能了解其成功模式。

我也曾詢問身邊那些被稱為「頂尖業務」的人，為什麼他們會成功，但他們給出的說法多是心理學或很抽象的理論，不太能參考。其實，有很多「頂尖業務」自己也搞不太清楚為什麼能把東西銷售出去。不只是銷售業務，凡要將「能幹的人」的技巧化做言語，本就不是件簡單的事。

雖然要將個人式的做法形諸筆墨很困難，但仍有一種方法能將「頂尖業務員＝頂尖業務能力」標準化／視覺化。

我分析了一千名頂尖業務員的資料，在不斷嘗試後，開發了我獨創的方法「三次元過成分析法®」，並將之視覺化。

以前，「結果就是一切」這種錯誤的常識一直占據主導地位，無論多麼糾結於業績數字，情況也不會有所改善。而只靠著心理學、決心也不會進步。

現今，ＩＴ技術已經進步，然而銷售業務領域的科學式分析卻沒怎麼進步，是件很可悲的事。體育界的心理學、強化意志的方式今日也有了進化，變得更科學了，但銷售業務的方式還依然維持舊模式，走入困境。

那麼，我們能不能用最近頗受矚目的ＡＩ來分析銷售業務的行為特徵呢？很遺憾，這項技術離真正能用在銷售業務上還有一段距離。

最主要的原因，就是能運用的資料量很少。要提升AI的精確度，就必須讓電腦解讀龐大的資料，但現今的資料量是極為不夠的。

在現實的銷售業務中，連SFA／CRM（支援銷售業務的系統）輸入的資料都還不夠澈底。那些已輸入的資料，有很多是垃圾資料，派不上用場，所以分析的精確度很低。

此外，匯集資料時，業務員和顧客間的互動詳情，大多數是不能對公司外部單位洩露的，一般來說，既不能錄影也不能錄音。這和會留下確切對戰紀錄的西洋棋、圍棋、將棋等很不一樣。

若要像把資料輸入類似Google那樣的銷售業務工具，而且還要保證數量與品質，還得等上一段時間。現階段的現實是，我們要能選擇出正確的對象，將訪問調查的內容視覺化，並透過驗證確認其成功因素，才會有比較高的精確度。

我為了將那些可獲得成果的銷售業務過程標準化、視覺化，以大型－中堅企業為主，訪問超過一千名頂尖業務員，其中最常聽到的回答是：「我只是理所當然地做理所當然的事。」這類很平凡的答案。

可是，只要往下深掘這個「理所當然的事」就會發現，那不是所有業務員都做得到的，而且其中會有些不一樣的地方。

即便我這麼說了，各位可能還是半信半疑吧？那請試著從目次中選出二、三樣有興趣的項目，快速翻閱一下。

這樣一來，你應該可以得到幾項有啟發的句子或重點，或許還能得到新的銷售業務知識。

當然，若你在書中沒找到什麼大不了的方法，直接把書放回架上也沒關係。因為書中所寫的正是身為「頂尖業務」的你已經在做的「理所當然的事」。

然而，想一想你身旁的同事和下屬的情況又是如何的呢？如果你想要讓周遭感到迷惘的業務提高水平，可以若無其事把這本書遞給對方，並說：「要不要讀看看這本書呢？」

現在的銷售業務是團隊業務，靠的是組織的力量而非個人。若能提升周遭成員的水平，你的工作也會變得輕鬆愉快。這麼一來，你就能專注在本來該做的事情上，也能培育出可以互相切磋的正向積極團隊。

關於本書所介紹的銷售業務正確做法，或許有一部分你已經在做了，那就不必將書中所提到的正確做法全都讀過一遍，可以跳著閱讀。

話雖這麼說，但這樣不清不楚地以自己的方式去做事真的好嗎？若你有這樣的疑慮，可以在本書中重新確認哪些做法是正確的。而且，在本書中你一定能從其他行業找到提示，作為實現更高目標的參考。所以，請試著完整閱讀這本書吧。

如果你接下來的目標是想成為「頂尖業務」，請先從「初級篇」開始看。

而目標是提升實際業績、專業程度的人，請看「中級篇」。

如果大家都把你評價為「頂尖業務」了，且你的目標是指導下屬或將來會擔任管理職的人，請閱讀「高級篇」。

除此之外，我還為以科學式銷售為目標的人準備了「頂級篇」。

就請當作是被我騙了，稍微看一下「流程思維的銷售業務正確做法」吧。當然，也有人會反駁只有這些正確做法是不夠的。我也很歡迎不一樣的觀點，請務必和我交流意見。

希望讀者諸君能以這本書為契機，深入思考關於「誤以為銷售業務是沒有正確做法的」這種觀念，進而更上一層樓。

內頁設計・圖片・插畫／齋藤稔（Jeelamuu 股份有限公司）

第1章

銷售業務的正確做法・入門篇

分析一千名頂尖業務員資料後得知的銷售業務正確做法

■「頂尖業務」有著跨行業／產業的共通成功特質，即掌握著銷售業務的正確做法。本章以分析一千名頂尖業務員的資料，得出具體事例為基礎，介紹他們與「平庸業務」有何不同。

◎「頂尖業務」有著跨行業與產業的共通特性

「頂尖業務」有著跨行業與產業的共通特性。

本書訪問了千名頂尖業務員的經驗，將其技巧標準化、視覺化，並將他們**共通的成功特質＝「銷售業務的正確做法」**統整成四十八個重點。

首先，讓我們簡單說明一下是怎麼統整出「頂尖業務的成功特質」。

我為了將銷售業務過程標準化、視覺化，以大型～中堅企業為主，訪問了超過千名頂尖業務員的經驗，將其做法分解成一個個的過程，然後統整成名為「視覺化工具」的資料。

簡單來說，就是將這些資料形諸筆墨，說得稍微複雜些，這個作業就是將頂尖業務員個人的「內隱知識」，轉化成其他人也能輕易模仿、再現的「外顯知識」。

銷售業務這份工作，靠的是個人眼光與努力，所以很多人認為要統整其中的技巧是有困難的。

以前，人們總是煞有介事地說：「銷售業務的做法是很個人化的。若有一百名業務，就會有一百種做法。」現在應該還是有不少公司是這樣想的。

可是，現在視覺化的方法進步了，可以有系統地說明頂尖業務極具效率的致勝模式。其實「頂尖業務＝頂尖業務員的技巧＝正確做法」是能標準化或視覺化到連新手都能理解的。

我創業已經超過十年，與超過一百家的公司合作，期間，我訪問了超過四百名「頂尖業務員」的經驗，並將之標準化、視覺化。我每星期都會確保有二個小時和他們來往，花三個月的時間，仔細將每間公司約三至十位「頂尖業務」的工作過程視覺化（業務上的盤點、標準化、資料化、共享化）。

我在這之前，就會和「頂尖業務」往來。我創業前是在販賣銷售自動化系統（ＳＦＡ）的公司工作，在那五年裡，我聽過超過八百名頂尖業務員的事蹟。

不論是哪種行業、產業，我都會每天平均訪問兩間企業，完成一年內２００天×２件＝４００件的訪問報告。持續五年後，就有兩千件。我不只是聽頂尖業務員侃侃而談，約有百分之四十的時間我都在詢問他們的經驗，所以至少學到了超過八百名「頂尖業務」的技巧。

我以銷售自動化系統所收集來的資料為基礎，再加上訪問的經驗，重複分析銷售業務的行動與驗證假說，將常見的模式進行分類與知識化。

我持續調查那些能不斷拿出成果的高績效人士——即「頂尖業務」——如何在過程中運用時間，分析他們行動模式的特徵，然後和那些很努力卻沒有獲得成果的平庸業務做比較，找出不同的地方，以客觀的數據將結果視覺化。

一般業務應該沒什麼機會能和其他公司的頂尖業務員說話。能和一千名以上頂尖業務員進行有趣的談話，這是他人無法體驗到的強項。

透過證實這些資料並進行科學式的分析，而非只是提出主觀的意見或一貫的看法，就能找出跨行業、產業的銷售業務共通性。對於AI來說，這是非常初級的程度，然而在銷售業務的世界中，因受到經驗論和主觀因素的影響很大，這樣的系統化工作可以說是知識財了。

本書即是把那些頂尖業務員珍貴的技巧、把一般人不知道的成功特質介紹給大家。

書中會統整各式圖表，並有趨勢分析等客觀性的圖片，以邏輯性且易懂的方式解說。

◎只要深掘理所當然的事，就會發現祕密

誠如之前所說的，我從許多公司的頂尖業務員那裡，訪問和分析了有持續銷售成果的祕訣、技巧、重點等，但我也不是突然就聽到優秀的答案，拍桌叫好：「就是這個！」

各位覺得「頂尖業務」說得最多的答案是什麼？那就是**「只是理所當然地做著理所當然的事」**這種稍微出人意料的無趣答案。

其實頂尖業務員中，也有很多是連自己都搞不清楚為什麼產品會這麼暢銷的。和運動一樣，不僅是銷售業務，大家都覺得要將「能幹的人」的技巧化做言語是很難的。

而且，這麼做既不有趣也沒有再現性。所以本書**會以具體步驟區分「理所當然的事」，然後一一往下深掘**。只要不侷限於表面，往下深掘，就會發現即使是不同產業的頂級業務員，都有類似的答案或例子。

就是這契機，讓我察覺到不同行業、產業的頂尖業務都有共通的特性。

在「理所當然的事」中，也藏著頂尖業務本人都沒有注意到的祕密。只要將「理所當然的事」置換成易懂又具體的事，就會浮現出幾乎所有人都可以做到、卻意外地沒人注意到的細微差異。

只要把這些差異統整為成功的特質，就能給處在煩惱中的業務當作參考。

雖說是成功的特質，但每一項的「差異」只有一點點。單只是一項成功特質，或許不會大幅改變結果。然而，只要累積各項特質，就會表現出極大的差異。處在頂尖與底端的業務層級差距，大到讓人無法想像。

可是，這並非天生的才能或素養。用一般的話來說就是要「努力」，**但若用科學的說法，就是能否澈底說明「能獲得成果的過程＝銷售業務的正確做法」**的不同之處。

◎今後的銷售業務將重視數據

以往的銷售業務類書籍，很多都是以作者自身的經驗、「自己用這樣的方法銷售很成功」這類個人經驗談，這些都是很個人化的東西。

也有不少書籍是以推銷術或相關技巧為主，有些則是專門寫給特定行業看的書，比如保險等等。這類的書，只要產業不同，就無法置換成自己要用的，很多都派不上用場。

經驗談當然也很重要，只要能發揮自己的想像力，即便書中寫的是其他行業的情況，也一定能有所啟發。不過，我認為那些能讓同行迅速、輕易理解的內容，對於其他行業想即學即用的讀者來說，還是比較難理解的。

或許讀者漸漸察覺到這樣的侷限，所以最近的趨勢也有了變化。現今主流轉向科學化思考法，或是重視證據的書籍。但是符合這種標準、引用證據且邏輯性強的銷售業務書籍還是很少。

因此，本書呼應了重視證據的趨勢，極力以理論、科學的角度來解說「頂尖業務的正確做法」，而不是以經驗談、個人看法、心理學、決心、抽象理論來說明。

以前就有「科學式銷售業務」這句話，但當時的ＩＴ工具和通訊環境還不完善，所以在數據化時經歷很多的挫折。現在因為智慧型手機的普及，以及通訊速度大幅提升，採取科學式銷售業務的時代終於正式來臨了。

在下一個章節裡，我會說明用科學方式來分析銷售業務步驟的代表性例子，並使用數據資料圖表來對比「頂尖業務」和「平庸業務」的行動模式，並做簡單易懂的說明。

◎「頂尖業務」與「平庸業務」的不同之處在哪裡？

我們經常會使用「頂尖業務」與「平庸業務」這樣的說法。其中一個判別的標準，當然是有沒有拿出成果，但除此之外的不同之處，尤其是在行動模式上的差異，判別標準仍是模糊不清。

在此，我會具體以過程來顯示兩者間的差異。請看第三十一頁的圖。這是用數據來表示「頂尖業務」與「平庸業務」在進行銷售業務的過程有何不同。

上圖是能持續拿出成果的「頂尖業務」（A），下圖是以自己的方式努力、卻煩惱於業績都沒成長的「平庸業務」（B）。

橫軸是想要獲得成果所必須進行的「業務活動過程」，從左到右以時間順序排列，縱軸則是以柱狀圖表示「花在各個過程上的時間」。

比較兩人的狀況，可以發現「預約會面」和「商品說明」的部分沒什麼差異。但是不同之處如下。

頂尖業務A把時間花在了「訪問調查」（確認顧客的問題及需求）「提出企畫案」（提出企畫案或展示）「締約」（針對合約做價格、交貨日期等的條件交涉）。

■「頂尖業務」與「平庸業務」間業務流程的不同之處

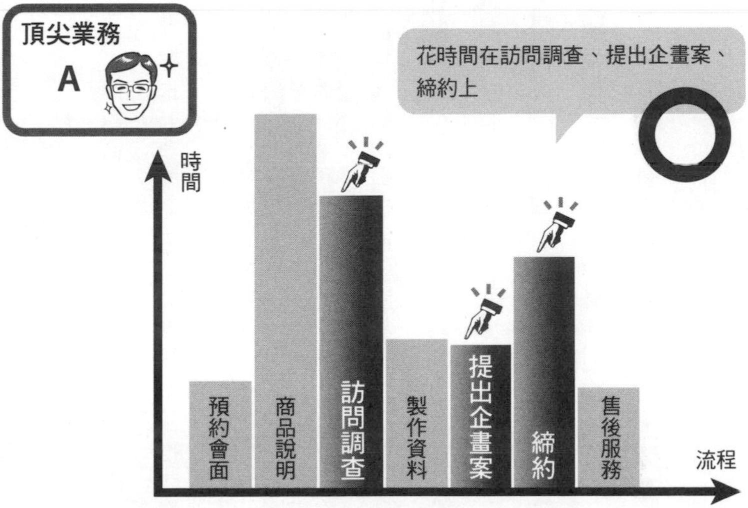

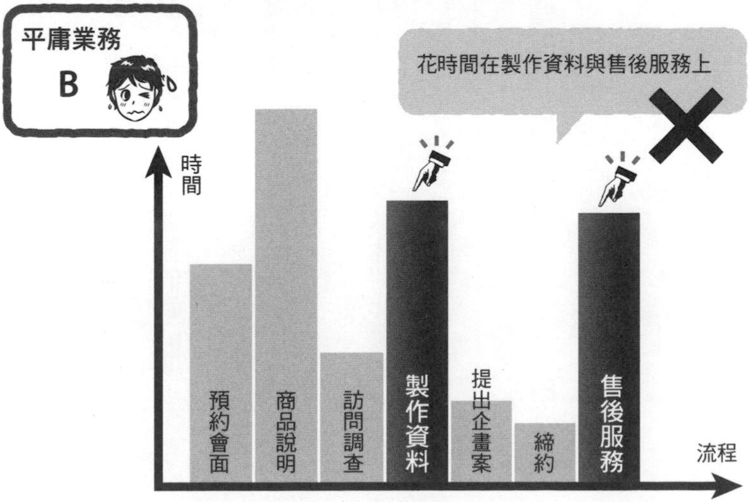

另一方面，平庸業務B的狀況又是如何呢？我們可以看到，他花了過多時間在「製作資料」（製作企畫案資料等）及「售後服務」（包含應對客訴）上。

雖然製作資料與售後服務都是必要流程，但B花了太多時間在這兩件事，反而花在能提升業績以及本應著力的訪問調查、提出企畫案、締約等重要流程的時間明顯不足。

大家覺得如何？不僅是文字，只要將數據視覺化，「頂尖業務」與「平庸業務」之間的差異就能一目了然了。

我在第五章會再次針對這些成功特質的後續部分，分三大項來詳細解說。

在此，各位請先弄清楚本書所謂「頂尖業務」與「平庸業務」的意義。這樣的分法，或許會讓有些讀者覺得不太舒服。

可是，這麼做的目的是為了突顯我所要介紹的成功特質，所以才用了「頂尖業務」與「平庸業務」這種容易理解的對比。

順帶一提，本書所定義的「頂尖業務」與「平庸業務」如下。

●所謂的「頂尖業務」

找出專屬於自己的成功法則，能持續拿出成果的業務員。以優秀的上司或前輩作為自己努力的目標，每天都會不斷嘗試、修正，持續努力。

此外，即使在自家公司已是頂尖人員，依然知道世界上還有更厲害的人，所以不會滿足現況，以追求更高層級為目標，不斷以科學的方式努力。

●所謂的「平庸業務」

以自己的方式努力，卻一直無法獲得預期的成果。處於發展狀態的業務員，或是因為沒人以系統的作業方式傳授銷售業務的方法，所以只能用自己認為對的方式作業的業務員。

雖然他們學習過心理學或簡單的技巧，但光是那樣還是不夠順利，可說是「處於迷惘中的業務員」。

◎頂尖業務所說的「頂尖銷售法」

我會分享自己觀察到跨行業、產業的共通性，以及那些令我印象深刻的事。在還沒分享那些成功特質前，看到這裡或許很難體會有哪些是和自己工作有共通的地方。

首先，大家要知道，即便是乍看之下似乎無法當作參考的其他產業，在本質上仍有共通點。

在二家完全販售不同商品的公司裡，我在聽取兩方「頂尖業務」的做法時，曾因為聽到完全一樣的內容而驚訝不已。

這是某家精密機器製造商Ｙ公司社長說過的事。他擁有頂尖業務員的經歷，所以我詢問他判別出頂尖業務員的方法，他的回覆是：**「若用一句話來說，就是能不能拿到客戶公司的座位表。」**

我聽到這句話非常驚訝。因為之前別家公司的頂尖業務員也說過完全相同的話。那是製造電腦周邊機器的Ｍ公司。

為什麼不同公司的頂尖業務員都會說出相同的話呢？

其實，這兩家公司的共通點，就是要賣零件給銷售手機的大型通訊公司。

手機（智慧型手機也一樣）要在狹小的空間內配置非常精細的零件，構造很複雜。通訊公司與零件製造商會採取合作開發的「共同開發型」這種模式。因為要和相關部門進行各式各樣的合作，所以會密集地討論。

這樣的協調本來是由通訊公司的負責人進行，但他們非常忙碌，分身乏術。所以一旦交給負責人，協調會議的時間就會很費時，並耽誤到時程表。

因此，該怎麼辦呢？此時，**「頂尖業務」就會代替負責人，前往交貨方的關係部門說明，代為擔任公司內部溝通的角色。**

這時候，若要一一記住、告知部門名稱、負責人姓名、聯絡方式等，對彼此都很麻煩，為了省去這樣的工作，拿到「座位表」或「組織圖」是比較快的方法。

「座位表」是公司內部的重要資訊，不是誰都能給的。但是「頂尖業務」備受大家信賴，所以才會把負責人的代理＝顧客公司內部擔任溝通的重要角色交付給他。

在這樣的背景情況下，就會以有沒有「取得座位表」來判別「頂尖業務」默默付出的努力（這部分內容會在「35 能拿到座位表嗎？」再詳細解說）。

◎藥品和旅遊的銷售流程是一樣的嗎？

說到**「藥品和旅遊的銷售流程是一樣的」**時，應該所有人都沒什麼頭緒吧。在告訴大家答案之前，我要先說明一下基本事項。

製藥公司會把提供製造醫藥資訊的醫藥業務稱為「MR」（本書會多次出現，但根據上下文的脈絡，分別使用MR、製藥公司的業務、醫藥業務、藥品業務等）。

另一方面，旅行公司的業務一般是販售旅遊商品。這時候會牽扯到不同業務的做法，我之後會再做詳細的說明。

一般人幾乎不認為醫藥業務與旅遊業務間有共通點。MR主要負責提供醫藥資訊給醫師，而旅遊商品則是包辦旅遊、學校旅行、員工旅行等團體旅遊。

雖然有很多家製藥公司，事實上那些會打電視廣告的市售成藥都不太賺錢，他們的主要收入來源還是依賴醫師的處方箋。各公司主打的藥也不同，各有各的強項，像是癌症、糖尿病、高血壓用藥等。

以下是在大型企業中占一席之地的E公司的故事。該公司成功開發了世界第一款失智症藥物，但在開發過程中，失智症藥物還沒有市場，因為當時人們沒有把失智症看成是一種病，只覺得是因為上了年紀，單純地「痴呆」了，連醫師都沒想到這是一種病。

也就是說，即便研發出了藥物，既沒有醫師會開這種藥，也沒有患者會用這種藥。在這樣的狀況下，就算想賣藥，也賣不出去。

那麼，要怎麼販售沒有患者、沒有市場的失智症藥物呢？

答案就是站在患者或看護患者家人的立場，從當事者的觀點出發，透過與社區相關人士攜手合作的「地域合作活動」。

這裡的關鍵詞就是「地域合作活動」。而旅遊業務與醫藥業務相關的部分，答案就在這裡。**因為醫藥業務與旅遊業務進行相同的流程，就是這個地域合作活動。**

那麼，與旅遊業務相關的地域活動是什麼呢？

說起旅行社，大家想到的多是包辦旅行，但因為旅行需求的變化、網路普及等，造成旅行模式出現了變化。在新冠疫情之前，若只靠團體旅行或學校旅行的需求，旅遊業者就會碰到事業規模縮小的狀態。

為了因應這樣的變化，旅行社除了單純的旅行業務，也會積極投入「地方創生」的新事業。到此，我們終於接近核心了。

投入地方創生這件事，就本質上來說和醫藥業務的地域合作活動一樣。

Y先生是大型旅行社J公司的核心人物，和他談話時，我就注意到了這個共通點，又看了醫藥業務的地域合作活動過程後，我很驚訝它和Y先生公司的「地方創生過程竟然完全一樣」。

旅行社為了打造地域品牌和開發觀光資源，會進行有關活化、振興地域的諮詢及企畫工作，這將促使交流人口與關係人口（譯注：指「觀光以上，定居未滿」的人）增加，對當地地域有所貢獻，只是一般人並不太知道這些。

不，別說一般大眾了，就連公司內部也不理解，為什麼投入地域創生事業能為公司賺錢。全公司都沒有正確的認知，所以也遇到不少誤解或懷疑。

後來，因為新冠疫情的影響，旅行業界的營業額大為減少，於是風向改變了。最困難的毀滅性時期，營業額減少了八至九成，在這期間支撐著該公司業績的，就是地方創生所培育出來的B2G事業（由政府行政單位委託的事業）。

該公司認真、勤懇地投入可以提升業績的地方創生已超過了十年，最後因新冠疫情大家才知道這件事。

正因為穩健培育新事業，不僅拯救了公司的困境，也帶來了深刻的啟發（關於地域合作活動，在「38 知道地域網絡的波及效果嗎？」中會進行理論式的講解）。

到目前為止，我已經在第一章中介紹了跨行業、產業的成功特質＝銷售業務的正確做法的事蹟，以及我的分析手法概要和易於理解的例子。

在接下來的第二至第五章中，我會以流程來分類，並將分析過千名頂尖業務資料後所得出的四十八種銷售業務的正確做法，跟大家說明。

其中包含了豐富的事例與大量的分析，範圍含括了IT產業、汽車販售、保險業務、醫藥業務、旅行業務、行政業務（包含地方創生）、飲料零售、人才派遣、事務機器販售（電腦／多功能事務機）、機械、零件販售（精密機器、PC周邊機器等）、大型媒體、建築、住宅販售、資訊通訊系、食品連鎖、綜合物流等。

我會以提問的方式，提出在銷售業務上常見的煩惱，並帶出正確做法。

然後，我會以對比的方式例出「頂尖業務」與「平庸業務」的特徵以及常見的行為模式。文中會詳細解說並引導出正確做法的思考方式和事例，在最後的一、二行，統整出銷售業務的正確做法。

請讀者運用類推能力，將這些做法應用在自己的業務上。請對照自己的經驗及疑問，試著以自己的觀點思考出正確做法。那麼，接下來就讓我們開始探索銷售業務正確做法的旅程。

第2章

銷售業務的正確做法・初級篇

給想要成為「頂尖業務」的人

■這章寫給已從基本禮儀——譬如打招呼和遞名片的方式等——畢業的人。也適合常閱讀自我啟發的書籍讀者，或常閱讀雜誌裡的業務專欄，並熱心於收集資訊、無法滿足於一般業務技巧且追求成長的人。

是否能夠迅速做出應對

平庸業務 ▼ **回覆總是很慢**

頂尖業務 ▼ **基本上是立刻回覆**

雖然回覆的速度很重要，但具體「該多快回覆比較好呢？」卻很少有人做出定義並制訂規則。

既然「速度很重要」，就必須具體制訂出規則。若不這麼做，就會因不同人而產生偏差。有時候，即便本人認為回覆很快速了，但在對方看來卻還是很慢。

其實，「頂尖業務」會自己設定並實踐「應對速度的規則」。

例如，若是回覆信件，就會分成以下三種類型來應對。

①看到信件後會立刻回覆，不會擱置 ※重看信件很浪費時間
②若是外出無法立刻回覆，就會在當天、至少會在二十四小時內回覆
③若是難以立刻回覆的內容，會以短信回覆，讓對方知道你有收到信，然後向對方說明會在什麼期限內回覆，並按照約定在期限內回覆

反觀「平庸業務」的回覆總是很慢。不管是不是急事，他們對所有人的來信，多是以一定的節奏回覆，所以很慢。

若以現今的商業步調來看，二天內沒回覆，就會給人「怎麼還沒回信？好慢！」的印象。有些人甚至在三天後才回信，更誇張的是，過了一星期都沒有任何音訊。平庸業務不太考慮信件的重要程度與緊急程度，都是以自己的步調或來信的順序回覆。

與回覆信件類似，回答顧客的問題或向顧客報價時，也有四項規則。

①顧客有問題時立刻回答
②當天（傍晚前）回答
③一天（二十四小時）內回答
④要花時間準備的，具體提出期限，照約定時間回答。不過，一定要在三天內著手準備，不要到了最後期限才開始做

在金額比較小且不需要正式企畫案或價格談判的商業交易中，速度是很重要的。若顧客對商品提出相關問題，或是委託報價，基本上當下就要立刻做出回應。

若是因為內容複雜或某些緣故無法立刻回應時，要告訴對方什麼時候可以回覆，並一定要遵守約定，這是鐵則。嘴巴上說得好聽：「我立刻去辦。」卻擱置不處理是最糟糕的。無法遵守約定的業務會讓人討厭並失去信任。

若慢吞吞放著不管，性子比較急的顧客就會立刻在你的競爭對手中做決定。而且，一旦給人「就算拜託那個業務，他動作也很慢，很沒用……」的印象，就會失去對方的

信任，顧客下次就不會找你了。

有些業務了解這個道理，也想做到，卻因為某些因素做不到而感到煩惱。確實，有些情況是無法迅速做出回應的。再重複一遍，這時候要確實告知得花上多久的時間，給出具體的期限，然後只要遵守約定就好。

即使如此，「頂尖業務」和「平庸業務」之間的做法也會有些微的差異。即使再小的約定，「頂尖業務」也會遵守，所以能獲得「信任分數」，這在建立彼此關係時是不可或缺的。

銷售業務的正確做法 1

定義速度，並制訂規則

是否疏於事前準備？

平庸業務 ▼ 拜訪前才慌忙準備

頂尖業務 ▼ 不慌不忙地做準備

業務員的工作在拜訪前的準備就已經開始了。

業務的進展雖不見得會像自己預想的那樣，但只要確實做好事前準備，就不太可能發生讓人難以想像或意料之外的事。若是大意了，疏於事前準備，就有可能發生讓人意想不到的情況。

只要分類、整理好資料，在準備上就不會有疏漏。例如，只要分成初次拜訪、再度拜訪、客訴應對三種類型來處理，就很容易理解了。只要思考是屬於「解決問題型」「地域型」或「路線型」的業務方式，將之做為樣本，就能總結出事前準備的重點。

●初次拜訪

・約好見面後，在前一天就先準備好初次拜訪的資料（套組A、B、C）。**不要在拜訪當天出發前，才慌慌張張影印，要事前留出充裕的時間準備。**

・若顧客方的出席者有部長以上的層級，為了能與有決定權的人或負責管理的人建立關係，一定要請你的上司同行，這是鐵則。

・為了促成下一次的會面，要準備能微妙地引起對方感興趣的說明及詢問，問出對方的疑慮、希望、問題，以自然應對的形式詢問下次拜訪的時間。若可以，就在現場協調下次會面的時間。

●再度拜訪

【帶有目的的拜訪】

・拜訪顧客前，要知道自己是為了什麼去拜訪。每次都要先弄清楚目的、主題，以及要提供的資料。

・拜訪的基本目的，是詢問並協助解決顧客的需求及問題。**絕對不可以忘記上次約定要回應的事**。

（例）針對顧客的疑慮、要求、懸而未決的問題，要做好準備，提出解決問題的企畫案等。

・**切實回應懸而未決的問題，是和顧客建立關係的基本動作，也是捷徑**。從這點很有可能衍生出新的商機。

・若是需要花時間和精力才能解決的問題，就要從下次拜訪的日期倒推回算，有計畫地做準備資料。

●客訴應對

・首先，要「**建構事先防範客訴的機制**」減少客訴的發生。**因為應對客訴會占用銷售業務本身的時間**。

銷售業務的正確做法 2

為初次拜訪、再度拜訪、客訴應對等事前準備制訂一套模式

- 此外，要將客訴時的回應方式，進行組織化、規則化。

（例1）遵循公司內部的客訴規則，並視客訴的嚴重程度，在適當的時間點帶著誠意去面對該面對的人。

（例2）遵循客訴應對手冊，事前勤於準備。

（例3）確實將客訴原因和對策在公司內部共享。可以在早會時分享。為了不犯同樣的錯，要將客訴回應記錄在手冊裡。視需要來修正公司內部的檢驗等規則。

是否有做筆記？

平庸業務 ▼ **只靠自己的記憶**

頂尖業務 ▼ **戰略性地活用筆記**

雖有不同等級的「頂尖業務」，但至少一定會將重點寫下來。所謂的重點，就是關於客戶的期望、疑慮等懸而未決的問題，以及價格和交貨期限等事項。尤其當顧客說得很激動的地方，即使好像偏離了主題，然而裡面常常蘊含著顧客在乎的重點。

S先生是一位魅力型的經營者，他會全神貫注於手寫筆記，其專注的程度讓人覺得：「有需要做筆記做到這麼細嗎？」為了不要浪費紙，他會使用影印過的紙張背面。

在與顧客對談時，他給人的印象即是，除了他自己在說話時，其他時間都在記筆記。

我注意到了這點，便詢問他，結果他回答我：**「只要全神貫注記筆記，對方就會覺得我很認真在聽他說話。」**使用影印過的紙張背面．也是想展現出「我是很踏實可靠的經營者」的印象。刻意扮演著「筆記魔人」。

如果是顧客突然插話，他不一定會直接把顧客說的話記錄下來。但對於顧客的評論、提問、聯想到的建議或靈光一閃的點子，則都會記下來。

我從這番話中學到了一個有點狡猾的做法，那就是，即便是做做樣子，**單單只是寫筆記，就比較容易獲得信任**。

而且，還有一個優點，在談話後重看筆記，並**確認彼此該做的事，就能讓人感到安心**。

若有遺漏，對方也能馬上指出，或是會追加問題。只要在當下確認，之後也不會發生雙方認知有誤的情況。

常有一種說法：「希望對方聽自己說話。」「不要只是自己在說話，也要擔任傾聽者的角色。」「用七、八成時間在聆聽，用二、三成針對提問做說明或回答。」

話雖這麼說，但業務的基本功就是溝通能力、善於說話，很多人也有這種能力，所以，即便大腦知道那些道理，但經常不自覺就越說越久。這就是知易行難。

但是，**只要寫筆記，就會變成在聽對方說話的態勢，自然地就會拉長傾聽的時間**。這麼做，既能整理對方說的話、加深理解、不錯過重點，也不會漏掉自己想再次確認的部分。

從上面可知，寫筆記是件好事，但「平庸業務」卻幾乎從不寫筆記。即使你關心詢問他們：「不寫筆記可以嗎？」他們也只會微笑以對：「沒問題的。」就是不寫筆記。他們是對自己的記憶力頗有自信嗎？可是忙碌的業務有成堆必做的事，即使當下記住了，之後又要記其他的工作。若沒有特別好的記憶力，是不可能把一切都記在腦海中的。

不記筆記的人，有很高的機率不會遵守說過的話或約定，也很常遺漏重點。人類天生就是會忘東忘西的生物。

此外，不建議使用電腦做筆記。邊打鍵盤邊聽人說話，會讓人懷疑你是不是在做其他的工作。

在ＩＴ產業，彼此會面後就會立刻做會議紀錄，所以一般都很有效率。但即使如實地將聽到的內容打成備忘錄，想獲得對方信任的效果還是沒有手寫來得好。若要使用電腦做筆記，最好事先說明，對方了解後再做會比較好。

銷售業務的正確做法 3

專注做筆記，就是認真聽對方說話的證據

是否能確實回答顧客的提問？

平庸業務 ▼ **重複偏離方向的說明**

頂尖業務 ▼ **幫忙補上拼圖的缺片**

對業務問問題時，你是否曾因對方的回答不得要領而感到煩躁呢？那種情況下所問的問題，大多是你基本上理解、但仍有幾處想確認的問題。

「平庸業務」不會回答問題的核心要點，而是回覆重複且相同的說明。回答的內容可能有些更動，或是加上一些周邊的資訊，但始終仍在說著一樣的內容。他們的回答就像平行線般，錯開了問題的重點，只是在浪費時間。

另一方面，「頂尖業務」則會直接了當、簡潔回答顧客的提問。因為他們能統整好想法、做出正確的理解，可以填補顧客想了解的重點，幫助顧客補上拼圖中缺少的碎片。

面對提問時，業務的正確應對應該是**填補顧客不明白之處的碎片**。

如果顧客是因為有興趣，而自己花時間去拼湊，那當然是他的樂趣。但若是講究速度的商場，就不能讓顧客自己去找出答案。要快速遞出顧客想要的碎片，並重點回答對方想知道的事項。

若提出了問題卻沒有得到預期的回答，顧客就會漸漸失去興趣，並對「無法回答問題的業務」失去信任。

在「2是否疏於事前準備？」提到的例子，針對問題的回答也是如此，在當下或之後回答，情況雖然不一樣，但對於能否回答得出顧客提問的意義上來說，都是一樣的。

能不能得到顧客的信任，差異就在於你累積的小小用心。「能給出回答的業務」在應對問題上確實可贏得「信任點數」，而「回答不出來的業務」就會在不知不覺中被「扣分」。

那麼，為什麼「回答不出來的業務」要重複沒有重點的說明呢？

簡單來說，因為業務自己也不知道問題的答案。因為沒有從顧客的角度深入思考，一旦突然被問到，就答不上來了。

可是，卻又無法承認自己的疏突，為了蒙混過去，就會說出模稜兩可的答案。若這位業務有自覺到這點還好，有些人則是完全沒有自覺到這點。

有的人因為沒辦法回答，只好同樣的話重複再重複。因為他們平常就沒有做好準備。其實顧客會問的問題大致上都是那幾個，所以應該要事先設想好問題、準備好答案才是。

我們從「回答不出來的業務」立場思考看看。因為不夠理解顧客，所以才會偏離問題的重點，然而，有時候確實也會遇到不了解顧客所以提出來的問題。

如果不了解顧客的問題時，一定要先確認顧客提問的意圖。這麼一來，顧客就冷靜思考：「或許自己提問的方式讓人很難理解。」就會更詳細再問一次。

雖然，立刻回答、且是直接了當給出正確的答案才是明智的做法，但也不是所有的顧客都想要得到完美的答案。單單只是**夾雜著「確認提問者的意圖與真實意涵」這樣的反問**，就能展現業務的誠意。

銷售業務的正確做法 4

被問到問題時，要能直接了當回答

若能理解提問者的意圖與真實意涵，即使不是直接了當回答，應該也能給出恰如其分的答案。就算是把顧客的問題當作回家後的作業，下次再回答，只要遵守約定且確實回答，也能將扣分轉變為加分。

確實遵守約定，而非口頭說說而已？

平庸業務 ▼ **輕率看待約定**

頂尖業務 ▼ **即使再小的約定也會遵守**

明明嘴上把話說得很好聽：「立刻去做。」然而思考卻很輕率、不遵守約定的業務，是最討人厭的了。

這是最糟糕且會帶來反效果的業務。即便有失誤，因為對方也是人，多少都會包容。可是，不僅限於商務，那種多次不守約定的人，是無法受人信任的。若不受人信任，就一定不會有人願意跟你簽約。

一般來說，業務不會故意不遵守約定。不守約定的原因，應該是以下三種：「忘了」、「守約定的意識薄弱」、「嫌麻煩」。

以下說明「頂尖業務」為了避免不守約定而會做的事。

●「忘了」

最低限度是做筆記。同時，若是簡單的事項，還記得時就要立刻做出應對。

若是要花費精力和時間處理的內容，就訂出時程表。為了遵守約定，就要具體記下該做的事情，並確保回應的時間。要從到期日開始回推，做成時程表（詳細請參照「25有充分準備，不讓提案失敗嗎？」）。

●「守約定的意識薄弱」

雖然顧客想和業務約定，但業務一方卻輕率以對，也就是說，業務員對約定的意識很薄弱。這就是雙方認知互有落差的原因。

為了預防這點，開會結束前，用筆記相互確認業務該做的事，即約定好的事，這才是基本的禮節。只要能澈底做到這點，就不會出現「約好了」、「沒約定」這樣的落差。

●「嫌麻煩」

回答問題、在公司內部商討如何應對顧客的期望、為解決問題提案等，若全都要自己一個人來做，的確很麻煩。若能得到團隊或相關部門的協助，以組織的形式應對，就會讓業務員減輕負擔而輕鬆許多。

一定要避免一個人過度承擔、置之不理，而導致趕不上期限這類情況。尤其「被冷落的業務」經常都是一個人過度承擔，所以要特別注意。

為了不變成這樣的局面，最快的處理方式就是跟公司內了解詳情的人商量，並尋求他們的協助。公司若有整理好的ＦＡＱ集，平常就要熟讀，事先記住回答的模式，這是最基本的。

若是要提案解決問題，或許會有點麻煩。在這種情況下，可以確認公司內部是否有類似的企畫案，而不是從頭開始做起。若有類似的企畫案可以套用，效率就會變高。

「頂尖業務」為了節省時間，會盡可能不要自己做投影片。雖然這麼說可能不太好，但若有類似的企畫書，他們就會立刻抄來使用。

以下稍微介紹一點高級篇的東西吧。每次碰到顧客來諮詢問題時，要一一找到答案很麻煩，所以有個方法，就是將問題模式化，並建立連結到自家公司產品或服務的提案資料夾，以做為解決方案。

「頂尖業務」會花時間在打造這樣的機制。

銷售業務的正確做法 5
為了遵守約定，要從期限回推並製作時程表

能做到理所當然的事嗎？

平庸業務 ▼ 用大腦去理解

頂尖業務 ▼ 切身體會困難之處

第一章我們提到，在訪問超過一千名「頂尖業務」的過程中，聽到最多的回答就是「只是理所當然地去做理所當然的事」這樣很平凡的結論。

雖然大腦知道哪些是理所當然的事，但能不能做到又另當別論了。

我們用車輛販售的故事為例，讓大家了解「去做理所當然的事」有多難。

有間知名的汽車銷售行，總經理為了調查業績好的店面與不好的店面的行動模式，於是在首都三十間店面，測量了現場員工實際花在業務上的時間。請看第六十四頁的圖。

為了讓讀者容易理解，我將業績最好的店面資料放在上面，業績最糟的放在下面。縱軸是來自本部的銷售指導「優先處理的業務事項」，橫軸是「員工花在各業務上的時間」。該做的業務就是「理所當然的事」。

只要比較這二張圖就會知道，二間店面都為了確實服務來店顧客，所以「應對來客」都處在右側最上方的位置。

不一樣的是，業績好的店面為了招攬更多潛在的來店顧客，「攬客作業」（像是刊登廣告或發傳單）和「追蹤」（像是拜訪或電訪等）也在右上方，這些店會確實做好該做的業務。

當然，主動積極攬客和開拓客源，「攬客買賣」也變多了。

反觀業績不好的店面，其「攬客作業」和「追蹤」都在左上方，花在這二樣事情上的時間都不夠。反而花比較多的時間在「讀書會」或「清掃」等不需要花那麼多力氣的地方。

從圖表整體來看，業績好的店面，會沿著業績成長的理想直線分配工作，相對地，業績不好的店面則工作散落四處。

簡而言之，業績不好的店面沒有確實做到要去做的事，也就是那些理所當然的事。

■「業績好的店面」與「業績不好的店面」行動差異

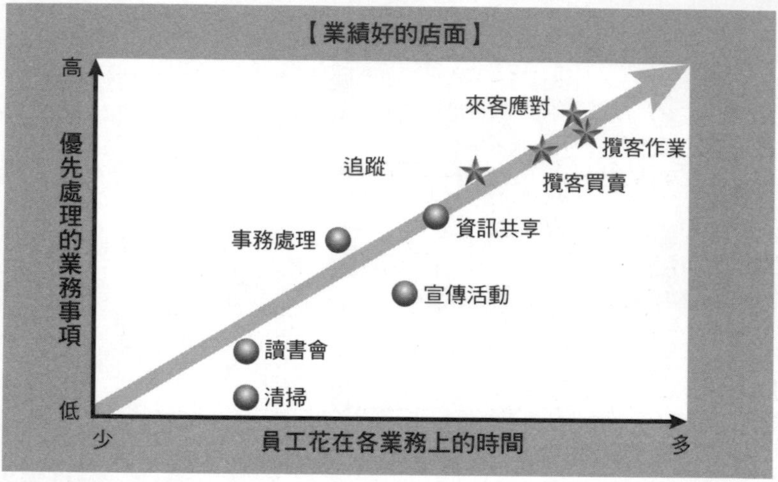

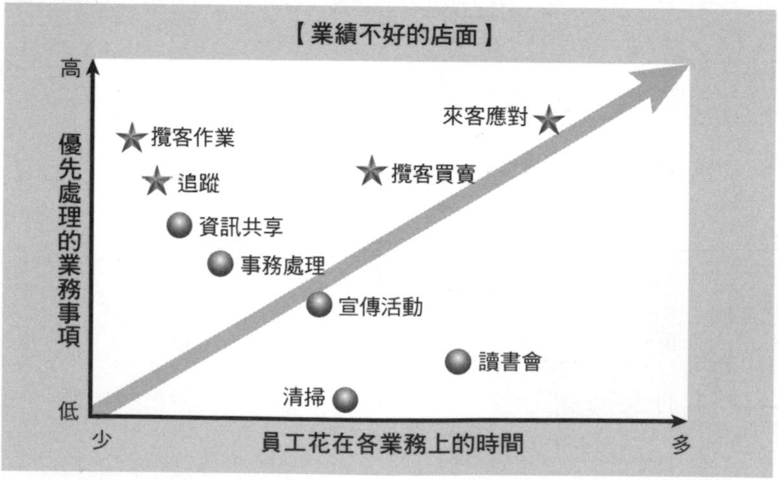

★＝優先度高的業務　●＝優先度不高的業務

銷售業務的正確做法 6

用數據資料確認是否有做到「該做的事」

如果只是口頭詢問員工，該做的業務優先順序是哪些，業績不好的店面員工也能正確回答出上頭交代的順序。

在此就浮現出一個問題：**「即便大腦知道，但實際上能不能做到又是另一回事。」**

一定要注意的是，不能不看數據，只一味追究業績不好。

員工自己的大腦也知道哪些工作要做，就會出現「該做的事都有做了，請不要再質疑了！」這種情緒反應。

如果使用前面那樣的圖表和數據資料，就可以清楚知道員工具體做了什麼、沒做什麼。

排除無用的情緒反應，讓員工明確知道他們哪些業務有做到、哪些沒做到，他們才能確實改善自己的工作。

是否覺得老經驗沒用？

平庸業務 ▼ **輕視常常聽到的教導**

頂尖業務 ▼ **從前輩的經驗中學習**

「基本的事情也要一絲不苟地做完。」這種常見的說法或許會給人一種很心理學、講求決心的感覺。

用理論說明銷售業務是本書的主旨，然而，在以前就流傳至今的銷售業務格言中，也有實證為正確的，譬如用腳賺錢、增加交易對象（案件數）等等。

若要說明「頂尖業務」的做法，有些人會誤以為這就要排除掉那些搬不上檯面的事，其實，不一定是這樣的。**在一些陳舊的教訓中，就有以往的前輩用經驗證明有效的真理。**

早期不是充斥ＩＴ技術的環境，無法留下適度的資料，所以只能用簡單的話語來表示銷售業務成功的原因。至今，我們千萬不可忘記這些原理和原則。**即使是現今看似行不通的類比方法，也不可輕視，重要的是要一絲不苟地執行。**

不過，這些留存下來的銷售業務格言，往往都只有一句，中間的說明都跳過了。沒有具體說明該怎麼執行，實在很不親切。

因此，我要替這些前輩以邏輯的方式說明和成功特質相關的格言。

●從以前就在流傳的銷售業務格言

用腳賺錢	「42有沒有把時間用在『真正的業務』上？」 「43有去拜訪應該要拜訪的顧客嗎？」
增加共通點	「14被諮詢到和工作不太相關的事時怎麼回應？」 「30真的有建立起關係嗎？（1）」 「32顧客有告訴你他真正的課題嗎？」
帶來工作	「2是否疏於事前準備？」

「14被諮詢到和工作不太相關的事時怎麼回應？」
「15可以自信滿滿說出自己受到顧客的信賴嗎？」
「16知道提升業績的方程式嗎？」
「17品質與數量，哪個比較重要？」

增加案件數

以下是一家大型S壽險公司老手H小姐的故事。

壽險業務這份工作很嚴苛，據說三年內有百分之八十的人會辭職，但H小姐工作了四十年以上，現今雖然已過了六十五歲，以前的上司還想邀請她去相關的公司工作，她有非常出色的實際成績。

但是她絕非「頂尖業務」的類型。她不太會說話，反應也不快，顧客提問時，也不一定能完全地回答出來。她完全不符合本書定義的「頂尖業務」的條件。

不過，H小姐自覺到自己不足夠的地方，而且她給人的印象是，不論人家說她什麼，她都不會逃避，反而堅強地應對。我感到很不可思議，所以就問問她有什麼強項嗎？

她的答案並不是很理論的，而是以前就聽過的某種老方法。我覺得，她的強項就是毫不懷疑、持續一絲不苟去做下去的堅持。

在以前，即使事先沒和顧客預約，也能輕鬆直接進入對方的辦公室，但在講究安全性的今天，不可能做出同樣的事。

我問她，在新冠疫情期間怎麼做業務時，她的回答：「中餐時間或下班時間站在公司大樓的出入口外，等員工進出時向他們搭話。」

幾乎沒人把她當一回事，偶爾幾個人會聽她說話。她會跟對方進行簡單的對話、打聽聯絡方式……之後就是以慣常的做法進行銷售業務。

雖然這年頭的年輕人比較願意利用網路買保險，但現實狀況是，這種昭和年代的作戰方式仍舊管用。

我問她還有其他的方式嗎？她果斷又自信地回答我：**「總之，就是不要斷了接觸點，要盡可能地露臉。」**然後，她跟我分享了一則小故事。

很多大型企業的新進員工，一般會在搞不清楚的狀況下就簽下了壽險合約。不過，當時有一個年輕人，很淡漠地認為：「自己還年輕，不需要買保險。結婚後若有需要時再來考慮。」完全不把H小姐放在眼裡。同業業務眼看這個年輕人談不成，也一一散去。

即便如此，H小姐仍持續拜訪，並贈送小糖果或口香糖給對方以保持接觸。在這期間，她因被調去其他地方而無法直接和年輕人碰面，依然不間斷寄送暑期問候的明信片、賀年卡、月曆等。

有一天，對方聯絡了她，跟她說：「自己也過了三十歲，差不多該買份壽險了呢。」從第一次見面起，過了將近十年，她原本也不太抱著期待了。她回想著當時的情況，告訴我她真的很開心，讓我留下了深刻的印象。

以上的真實案例告訴我們，有些銷售業務格言還是有效的。

或許對重視理論觀點的讀者來說會有些失望。那些從前就流傳的銷售業務格言，或是陳舊的昭和時代做法，即使經歷昭和、平成、令和這些年代，只要能一絲不苟地持續去做，仍然能帶來成效。

雖然說是科學式銷售業務工作方法，但大部分是建立在假設之上的。那些早年陳舊的經驗談，雖然沒有數據資料可供證明，但在銷售業務的世界中，絕對不能看輕長久流傳下來的鐵則。

銷售業務的正確做法 7

理解銷售業務格言的真正意義，並一絲不苟地執行

是否注意遣詞用字？

平庸業務 ▼ **用自己公司的用語說話**

頂尖業務 ▼ **深知話語會改變結果的恐怖**

「平庸業務」會以自我為主，用自己公司特有的詞彙來說話，而不考慮對方。平庸業務完全沒意識到自己用的是產業中或自家公司內的專用術語，而沒有顧慮到顧客是否聽得懂。

「這樣的說明方式，有清楚把意思傳達給顧客嗎？」這是業務基本的用心之處，但平庸業務卻沒做到這一點。

「頂尖業務」會以顧客為本位，注意遣詞用字與說話方式。因為他們完全以傳達資訊給顧客、讓顧客能理解為目標。他們了解，遣詞用字是能否把意思清楚傳達出去的關鍵，所以他們會留意這點，並在表達方式上下一番功夫。

尤其是較難理解的專業用語，頂尖業務會改用連門外漢都聽得懂的用語，並注意說明的方式。針對自家公司的產品或說明書等，會準備好其他較簡明易懂的版本或例子，不辭辛苦地花時間和精力在說明上。

社會上充斥各樣的資訊。同一個詞語的意思可能會有些許不同，或會給人錯誤的印象，這樣的情況並不罕見。

若是每天都重複相同的銷售話術，說話的一方久了就會麻木，還會自以為：「這樣的說明方式對方應該會懂吧。」

但是，關於銷售用語，事實上比我們想像的更容易被誤解。再重複一次，**「頂尖業務」知道，解說是能否獲得案子的關鍵。**

Y先生是S軟體公司的頂尖業務員，我要介紹從他那裡聽來的事例。

他說，在發表會上，有些人第一次出席時看似就快要睡著了，而在第二次出席時，卻像變了個人似的，專注在聽介紹，反應一百八十度大轉變地說：「這就是我們工作想要的流程。」

若要說這二次發表會有什麼不同的話，就是第一次發表會時，Y先生在介紹時使用一般的「標準展示版」，而在第二次時，則使用了稍微改變一些用語的「修正展示版」。

S公司是販售業務自動化系統軟體的公司，他們的強項是能將設定的項目配合每位使用者的用語和業務流程，做到客製化的目的，沒有固定的標準規格。

為了讓顧客感受到這套軟體的強項，他們以實際的畫面而非業務的介紹說詞來呈現，費心製作「修正展示版」，讓顧客確認自己的組織能用得上這套軟體。

說到底，他們就只是改變了「標準展示版」與「修正展示版」的用語，之後的設定幾乎一樣，流程本身也沒改變，例如，只是將「簡報」修正成「提案／預算」而已。

一般人可能會認為，若只是這樣，就算不做「修正展示版」，只要顧客稍作思考一下，就可以理解「標準展示版」了，但現實卻不是這樣。

對觀看者來說，因為是很陌生的畫面，若在第一次時就將看不懂的名詞轉變成自己常用的慣用語，會比較容易接受，第二次看時就能馬上理解了。

若不是用電腦軟體展示，而是透過企畫書的話，那只要稍微改變封面和內容的用語，觀看者就會比較容易理解。

銷售業務的正確做法 8

不要使用自己的用語，要配合對方遣詞用字

事實上，很多業務都會忘了**「不要使用自家公司的用語，要配合對方來遣詞用字」**，或甚至根本沒意識到這點。

業務想傳達出資訊，但顧客卻不理解，這對於隨時都在追求結果的業務來說，真的是一場悲劇。**業務之神就存在於用語中。**

能否溫和應對顧客的期望

平庸業務 ▼ **想按照規定來**

頂尖業務 ▼ **思考著能幫上什麼忙**

「很抱歉，因為我們的規定是這樣……」。我們常會看到有些業務會以公司規定、規則為由，在顧客希望你能幫忙想辦法解決問題時，表面恭維實則輕蔑地拒絕。

即使真的不行，也要讓顧客感受到我們願意去跟公司商量的態度，這樣一來，顧客也可能會接受的。也許是覺得麻煩，想省下那些功夫，有時似乎也可以聽到業務如下的心聲：「按規定來有什麼不對？」「若是破壞規則，自己會被罵的！」

可是，若一切都按照規定來，就不需要業務了。不是每件事都能按規定來的，特別是在商業場合，規則不過就是一條拉線。只要配合狀況改變看法，規則的解釋就會不一樣了。

身為業務，回應顧客不必到黑白分明的地步，在灰色地帶中察覺到顧客「希望你幫他做點什麼」的意圖，並溫和應對，顧客就會覺得「這個業務做得很好」，能為自己加分。

反過來說，無法通融的「頑固業務」，則會被顧客認為是「就算拜託這個業務，他也會因墨守成規而拒絕」，就會放棄和你往來。溫和且通融應對是顧客對業務的其中一項要求。所以，我們絕對不能只會當個按照規定走的業務。

這就是「頂尖業務」與「平庸業務」其中一個極大的不同點。

此外，規定也不會規範到極細微之處，有時確實會讓人難以做出判斷。如果遇到這種情況，只要理解「為什麼會有這項規則呢？」的根本原因，就能溫和應對了。

所以，平常可以多問問上司或前輩：「為什麼會制訂出這條規則呢？」只要知道制訂規則的前因後果，就能知道自己可以偏離規則到什麼程度。請打聽看看以往曾順應過顧客的例子，若有前例，就能放手去做了。

「停止思考的業務」常常什麼都不想就做出決定，所以碰到顧客有問題時，就無法理清大腦的思路。

業務最常遇到要溫和應對的情況，就是殺價。

關於折扣，公司應該都有基本的規定。此外，「頂尖業務」也知道公司大致可以接受的折扣底線在哪裡，同時也知道什麼時期是全體部門預算都很吃緊的。

例如顧客要殺價時，即使當場就能說：「ＯＫ！」也要故意裝出一臉為難的模樣說：「這樣的預算很吃緊，我會去跟上層討論的。」裝作把問題帶回公司的樣子。

接著，經過一段時間後，再向顧客回報：「雖然有點辛苦，但公司內部算是了解這情況了。」這樣顧客就會感到很開心。

這或許不是什麼值得讚許的技巧，但要表現出溫和的應對，就要懂得上演獨角戲。

殺價是締約前的高潮，對於「可以溫和應對的業務」來說，也是展現本事的時候。

要能溫和應對顧客，就要先掌握好規則的灰色地帶，緊要關頭時，為了說服公司內部，可以先和相關同事打好關係。

這就是「頂尖業務」自然而然會運用的聰明技巧之一。

銷售業務的正確做法 9

理解公司內部規則的微妙之處，溫和應對顧客的期望

是不是自己努力過頭了？

平庸業務 ▼ **想一個人包攬一切**

頂尖業務 ▼ **除了努力，也想獲得上司的協助**

一定要注意到的一點是，認為「『頂尖業務』就是自己一個人包辦一切」這是誤解。愈是認真又自尊心強的人，愈容易陷入這樣的陷阱中。

「頂尖業務」即使要全都自己來，也會拉上司來協助自己，以提升自己的業績。就結果而言，評價也會上升。

現今的課長層級已經是校長兼撞鐘了，很難周密地監督到每一位下屬。培育新人也是管理工作之一，然而，他們並沒有太多時間可以培育人才。

另有一種方式是「管理上司」，這是頗有難度的高級篇。要控制知識與經驗都超越自己的上司，並不容易。

有一些實用的方法，可以巧妙地讓上司派上用場，而不是讓他們高高在上。那就是活用上司那種「好好利用我吧！」的心情。

雖然上司沒有時間手把手指導下屬，但是幾乎沒有上司會婉拒下屬邀請一起跑業務的請託，尤其是恰當的時機點。

大家認為，哪個時機點邀上司同行是最恰當的呢？大家可能認為是案子順利進行時，亦即「上司差不多也該出面打聲招呼了」或是「在最後關頭變得有點危險時」吧。

實際上，建議邀上司同行的時間點是「初次拜訪」時。在初次拜訪時，只要告訴對方會帶著上司一起去，一般會考慮到這點的人，也會帶著自己的上司一起出席。

若上司從一開始就一起出席，就可以聽到只有負責人那個層級才會聽到的內容，提高獲得訂單的機率。此外，若能彼此認識，有什麼事情時，上司也能直接聯繫對方。

最糟糕的情況，是在看似要失敗的關頭，才第一次邀上司一起赴約。業務負責人察覺到危險時，很多時候幾乎確定是失敗了。在那時間點，就算帶著和顧客素未謀面的上司，對方也可能知道情況避而不見。若是已經內定要交由其他公司負責時，因為難以隱瞞決定，對方就會隨便找個理由拒絕。

然而第一次就跟上司同行，因為彼此都認識了，上司也能透過電話或信件等確認狀況，毫不費力地掩護和進攻。

在大型媒體G公司銷售受託商品的部門中，已將初次拜訪就要帶著上司同行訂為規則。年輕的業務負責人S先生，一開始是半信半疑，但他心想，就當作被騙好了，試著按照規則做了之後，對方的上司就出現了，案子也能順利進行下去。

因為立刻感受到實際效果，之後，在允許的情況下，他在初次拜訪時就帶著上司同行，結果他很開心地發現，確定會得到訂單的案件數增加了二倍。

第一次就帶著上司同行還有其他好處。首先，因為一開始就把上司拉了進來，這件案子的後續就比較容易獲得關注。上司也會在意和自己相關的案子。

當然，不止第一次，之後也要製造和上司同行的機會，這麼一來，自然能增加和上司之間的溝通。只要彼此接觸的時間多了，上司對其他案子也會給出建議，也可以和上司請教進展不順的案子，提高獲得訂單的機率。

除此之外，還能自然而然學會上司應對顧客、銷售介紹以及細心回應等技巧，可謂一箭四鵰啊。

靠自己一條龍全部包辦並非「頂尖業務」的基本特性，還要能巧妙活用上司這一重要的條件。

銷售業務的正確做法 10

別想著要一個人包辦一切，要聰明活用上司

拜訪時能確實問出顧客的需求嗎？

平庸業務 ▼ **介紹想銷售出去的商品**

頂尖業務 ▼ **打探對方的需求**

銷售業務中最重要的項目是什麼？答案就是「拜訪調查」。尤其對於解決問題型的提案業務來說，這是救命繩。以顧客為本位的「頂尖業務」，一定會花最多時間在拜訪調查上。

自我本位的「平庸業務」，不會認真想要理解眼前顧客的期望，常常急切地介紹自己想賣掉的產品，這樣是不會順利的。

沒有理解對方的需求，只以自己的方便或自以為是的想法來說明產品的魅力，是無法打動對方的心的。

仔細聆聽對方的話，且貌似不經意地打探問題。透過協助顧客解決問題的過程，建立信任關係。若沒有透過拜訪調查來和顧客一起思考他們真正的問題，就無法進行接下來的工作。

為了弄清楚顧客真正的問題和需求，了解對方的商業哲學也很重要。**重點在於分辨並思考對方商務上的和個人上的需求。**

若只是商務上的應對，就日本人來說會覺得太枯燥乏味。雖然偶爾也要應對顧客個人生活上的問題，但若過度偏頗於此，就會疏忽本來在商務上應該要做的事。知道對方真正的需求，並平衡應對，就是讓對方心懷感謝並維持長期關係的訣竅。

以醫藥業務為例，就要試著去區分對方的商務／醫療需求，以及醫療之外的需求。

●醫療的需求

①藥劑資訊　②文獻資訊　③整體醫療　④鄰近醫院的資訊　⑤學會／研討會支援
⑥患者的需求　⑦副作用的資訊　⑧行政資訊　⑨研討會等地點　⑩地域合作

●醫療之外的需求

①經營建議　②興趣交流（飲食／高爾夫／釣魚）　③協助周邊業務（IT／PC相關／出差／旅行）　④其他（私底下商量的事）

藥品業務（MR）會提供資訊給醫師，但很多醫師自尊心高，很難和他們打交道。

當然，也不是沒有醫師會尋求「醫療之外的需求」，像是「②興趣交流（飲食／高爾夫／釣魚）」，但現今這樣的人比較少了。因為醫師肩負著患者的健康與生命，若受到廠商過度招待，會引起爭議，所以都有嚴格的規範。

除此之外，醫師也有各式各樣的需求，只要列出來做成表格就很清楚了。

「醫療的需求」的最後一項「⑩地域合作支援」，就是第一章「藥品與旅遊的銷售流程是一樣的嗎？」（參考第三十五頁）中說明的地域合作活動。但現狀是，並非所有醫生都有這項需求，很多ＭＲ也沒有正確理解其效果。

雖然寫了些消極負面的事，但事實上仍然有很多醫師非常為患者著想，且認真學習。業務員即使再忙，也要抽出時間了解每位醫師真正的需求方向和細節，這是基本中的基本。

但目前的狀況是，仍有ＭＲ會在與醫師接觸的一、二分鐘內，不斷以稱讚、拜託醫師支持自家藥品這類錯誤的方式銷售。

我曾受製藥公司委託調查醫師的真心話，在問卷中問到他們討厭哪種類型的ＭＲ時，回答最多的是：「只會介紹藥品的ＭＲ。」

不看這些資料（證據）而要求業務怎麼做的公司也很糟，若醫師對這家公司完全沒了興趣，那會是很可笑的。這就是為什麼一直有「悲慘ＭＲ」的真正原因，醫師只有在談話的一、二分鐘內把這些ＭＲ當作一回事，過後卻記不住他們的樣子和名字。

雖然說業務應多多建議地域醫療合作，銷售方式也要從稱讚、拜託醫師支持，轉變成注重見面時的談話，然而，至今業務的銷售方式依舊沒改變。

關於這點，我詢問了製藥公司的核心人物Ｔ先生，他一直很擔憂這種情況，他認為此後最高級的ＭＲ工作是「藥品綜合顧問」。

這樣的工作，目標不拘泥於自家藥品，而是為了治癒患者，要連同其他家公司的藥物一起進行整體的醫藥提案。

應該有些業務即便遵循公司的指示，也會在進行拜訪前冷靜思考，自己的銷售方式是否會打擾對方，反而讓人討厭呢。

銷售業務的正確做法 11

區分商務需求與個人需求

是否有站在顧客的觀點思考？

平庸業務 ▼ **滿腦子只想著達成自己的目標**

頂尖業務 ▼ **想要理解顧客的想法**

「站在顧客的觀點思考」，說起來簡單，要在工作上實現卻不容易。在「結果就是一切」的業務世界裡，許多公司都充斥著糟糕的常識，只會追問業務有沒有達成目標。如果只想著業績數字，就無法應對顧客的需求。如果對顧客的心情、感想沒興趣，就不可能理解顧客。

為了了解顧客真正的需求是什麼，以下來說說雖不是什麼硬道理、卻有著本質性提示的案例。這是大型M貿易公司紡織部門H先生的故事。他進入公司前曾做過女裝的販售接待工作。因為他是打工，不論賣出多少金額，時薪都一樣，所以他並沒有很認真在販售，有顧客來店也不會積極介紹。

他會先觀察來店顧客，然後自然而然地加入她們的對話。若是下班回家的ＯＬ，他會問：「現在才下班回家嗎？」若是帶著網球拍的學生，他就會問：「妳是在社團練習網球嗎？」

這些對話看似和「頂尖業務」的銷售技巧無關，但在該店店長、正式員工之間，Ｈ先生賣出的衣服是最多的。即使他和顧客說了好幾次：「我是打工的，不買也沒關係唷。」仍有顧客會因為他而買衣服。

雖然他當時不知道顧客為什麼會因為他而買衣服，但某次，他注意到了：「自己滿足了來店顧客的需求。」

會到那家店的女性，並不是因為想買衣服才去的，而是無意識地尋求短暫的聊天。那家店的所在地不是流行街區，而是在ＪＲ中央線沿線不起眼的車站大樓內。販售的服飾也不是最流行的，而是以便裝為主。

來店的顧客並非真的想買衣服，只是在回家前十至十五分鐘，稍微繞個路轉換心情罷了。雖然她們沒有什麼目標，但就是不會直接從車站回家，而是想稍微繞到某個地方，讓心情平靜下來。這種情況應該所有人都經歷過。

滿足顧客真正的需求，和對方聊些漫無目的的對話，H先生這種自然的溝通方式才是真正適用的。

大家一定有經驗，去買衣服時，一進店店員就會馬上走過來。明明什麼都還沒看，店員就會說：「歡迎光臨。衣服都可以試穿喔。」這樣的接待方式雖跟手冊上寫的一樣，但顧客實際的感受又是如何呢？是否反而會讓人反彈，失去了購買的欲望呢？

這都是沒有理解顧客消費心理、搞錯方向的手冊的錯。

顧客進入店後，不要立刻出聲，暫時站在遠方安靜觀察，看看顧客的打扮或行動。等到顧客站在某件商品前查看價格和質地時，才是出聲搭話的好時機。先準備好可以輕鬆切入的第一句話，再不經意地出聲搭話。這是根據H先生的實例所設定的正確接待守則。

若從第三者的身分來思考，這種簡單又理所當然的事，即使只是打工的人也能理解。但是進入公司組織、背負販賣商品的責任而有了壓力後，往往就會忽略了顧客的心情。

銷售業務的正確做法 12

忘記數字，回想自己也是顧客時的心情

「理解顧客真正的需求」。這句話讓人聽得耳朵都長繭了，但能真正做到這點的業務又有多少呢？即使大腦知道了，能否實際做到又是另一回事。

「頂尖業務」始終記得當自己也是顧客時，那時的心情是怎樣的。

傾聽的訣竅 13

是否費心思提高拜訪調查的精確度？

平庸業務 ▼ **過度信賴自己的記憶力**

頂尖業務 ▼ **擔心會聽漏顧客的想法**

既然拜訪調查那麼重要，那就一定要搞清楚其基本手法。但在業務的世界中，因為是個人面對個人，幾乎所有公司都把拜訪調查的做法交由個人去努力。

那麼「頂尖業務」是怎麼做的呢？**首先，他們會整理並確認一定要詢問到的重點（項目），接著會準備「訪問調查表」以免漏掉那些重點。**

「平庸業務」因為常拜訪的緣故，覺得應該沒什麼問題，就靠自己的記憶，但可以肯定地說，一定會遺漏了幾點。此外，還有些業務甚至沒意識到自己該聽、該記些什麼的。

銷售現場就像即興表演，對方的反應和對話千變萬化，不論多老練的人，也會有漏聽的時候，有時，現場的氛圍也會讓人難以進行詢問更多問題。對老手來說都會如此了，更何況是還不熟練的新手。

只要準備好並帶著訪問調查表，就能改善大多數的問題。因為業務員就不用死記要了解的項目，減少漏聽，提升精確度。顧客也會因為我們標準化了詢問事項而佩服不已，這麼做還能解決業務個人主觀化的問題，就培育人才的角度來看也很推薦。

有些公司會準備簡單的訪問調查表，但多是跟顧客確認販售商品的規格及說明書，往往派不上用場。

活用訪問調查表的目的，就是要探究並理解顧客的需求。因此，應該從商品可能解決的問題或引進的目的為切入點，之後才是關於商品的說明事項。

說到底，就是掌握顧客為了解決某項問題才會想購買這樣商品。因此，訪問調查的項目就要以「現狀」「問題意識」「目標（解決的方向）」為優先。

若有可能，各位盡可能事先將問題模式化。將顧客的問題統整成十項左右，訪問調查會比較順利。可以再加入其他像是顧客的人脈資訊（尤其有決定權的人）、預算多寡，以及預計引進的日期等項目。

銷售業務的正確做法 13

利用訪問調查表檢查有沒有漏聽了重點

不論怎麼說，你公司提供的解決方案就是顧客問題的出口，為了將顧客引到那個方向，就要將顧客可以理解的說法放入訪問調查表中。

若以顧客的需求為主來設計訪問調查表中的主題，在了解顧客的目標、主題、利益後，就會得到顧客前所未有的反應。

被諮詢到和工作不太相關的事時怎麼回應？

平庸業務 ▼ **忽視**

頂尖業務 ▼ **當作是機會**

你要先跟顧客訪問調查呢？還是要先接受顧客向你諮詢呢？這要視情況而定。實際上，先透過訪問調查，讓彼此擁有一個共同的主題後，顧客大多會向你提出諮詢或待解決的問題。

因此，我們要在前一節第13項說明過的訪問調查中下功夫。以下說明接受顧客諮詢的方式及活用法。

接受諮詢是得到顧客信任的捷徑。即使看似與工作沒有直接關連的事，也要回應顧

客的諮詢。在一味追求效率的社會中，這麼做像是在繞遠路，但接受顧客的諮詢並協助解決，是獲得信任的確實路徑。

顧客會找自己討論諮詢時，很多都是「形勢要改變的重要時機點」。為了更進一步和顧客建立信任感，這是絕對不能置之不理的信號。

請把這件事視為自己好不容易獲得信任後的首次測試。通過測試後，很有可能提升交易額、擴大市占率、替換掉競爭對手。為了達成這些業務目的，這是非常重要的一步。

「頂尖業務」對於之前訪問時對方提出的諮詢或待解決的問題，會做好確實的準備。

在B2B商務中常見的諮詢有：（1）案例調查（成功或失敗的案例）、（2）競爭對手的情報（對方有做出什麼行動？尤其是新的嘗試）、（3）市場、價格調查（對市場未來的預測、價格變動）等。

對於這些諮詢，只要認真應對，並提供可能有用的資訊，就能通過信任測試。可以讓顧客提出疑問，自然就能得到下一次「待解決問題」的機會。

「擁有許多業務上的接觸點」是以前就廣為盛傳的業務鐵則，但究竟怎麼做才好

呢？這個問題的正確答案就是「諮詢、待解決問題的應對」。

如果顧客說到：「沒辦法做到這件事嗎？」這是非常重要的關鍵句，即使這個問題確實不容易。顧客提出的諮詢，若無法單靠提案的商品解決，那麼其中就隱藏著顧客真正的需求。我也聽說過，在成功的新事業中，很多例子都是從應對這類的顧客諮詢開始的。

另一方面，「平庸業務」對於這些諮詢的敏感度很低。雖不會拒絕，但會覺得麻煩，或是當場配合對方，輕易答應下來，但回應卻很慢。顧客的問題就這樣被放置不管。

在第5項（參考第五十八頁）也強調過了，若只是嘴上說說卻無法遵守約定的業務最討人厭了。這就是跑業務失敗的主因。

即使是乍看之下和工作無關的事，建議還是要溫和地回應顧客的諮詢。**顧客會來拜託你一些和商務無關的事，就是對你有所期待的證明。這也給了你商業上的機會。**

或許這看起來像在繞遠路，不一定會有立即的回報，甚至還可能白做工。

可是，長久的商業關係就是人際關係，所以很可能話題兜兜轉轉又繞回到工作上了。至少在提供協助時，還能增加與對方的接觸點，藉此打好關係。

以下是S先生的故事，他是負責大型航空公司J公司資訊科技解決方案的業務。某位顧客想加強和中國的商務往來，而拜託S先生幫忙：「我想請有影響力的中國企業家來演講，你能幫忙嗎？」

這件事雖與自家商務完全無關，但他因為有門路，立刻就接下這項請託，幫忙介紹了中國的演講者。

之後他再聯絡、拜訪那位顧客時，那位顧客說：「關於之前你提案的那件資訊科技工具的事，我已經幫忙連繫了負責的部門，具體事項你就去跟他們討論吧。」就這樣幫他介紹了一件案子。

S先生之前雖有進行過一次提案，但老實說，反應並沒有很好。可是這次的會談卻進行得很順利，也成功收到先導專案的訂單！

（後來S先生在企畫進行中才得知，當初委託他介紹演講者的顧客，其實是公司內經常發掘暢銷商品、具有影響力的關鍵人物。）

根據不同狀況，有時也會遇到這種回報「商業上的照顧」的人。雖然我們提供協助時不該期待回報，但有時就是會有令人意想不到且愉快的結果。

以上分享了透過諮詢作為契機，而收穫良多的案例，跑業務時，不要只追求直接的效率，有時急事緩辦也能順利推展業務，這是很深奧的處世藝術。

銷售業務的正確做法

14

只要認真面對諮詢，就有可能產生互惠的成果

諮詢應對 15

可以自信滿滿說出自己受到顧客的信賴嗎？

平庸業務 ▼ **沒意識到沒人來找自己諮詢**

頂尖業務 ▼ **一定會有人來找自己諮詢**

前項雖然說明了諮詢應對的重要性，但「平庸業務」卻不太有機會受到顧客的諮詢。或許這麼說很殘酷，沒人找自己諮詢就是沒有建立關係的證據。悲哀的是，有些業務員甚至沒有察覺到這點。

如果你被貼上關鍵人物的標籤，一定會有人來找你諮詢。備受信賴的「頂尖業務」自然而然會有顧客找他諮詢。頂尖業務會比競爭對手更早收到商業談判的資訊，各團體或區域也會有人幫他介紹其他顧客。

在保險或汽車等B2C商務中，「頂尖業務」的工作不僅要販賣商品，還要身兼

「各種事項的顧問」，傾聽並提供顧客諮詢。

例如，大型N壽險公司的頂尖業務員S先生就直言說，**自己的工作不僅是保單的諮詢、販售「城鎮資訊」而已。**所謂城鎮資訊，指的是如下的主題。

①孩子的教育 ②雙親老後生活 ③自己老後生活 ④健康生活 ⑤介紹好醫院 ⑥提供各種問題的解決方式和介紹專家（不動產、律師、稅務師等） ⑦結婚活動（包含聯誼） ⑧換工作

S先生肩負起城鎮資訊橋樑的任務，一點一滴累積人脈，這些都是他非常重要的資訊，所以他總是很努力收集各種情報。

「能提供諮詢的業務」都會有很多顧客，其中有的顧客也會幫忙他解決諮詢的問題。如此一來，顧客數就會以網狀形式增加，這和沒有打動顧客的心、「無法提供諮詢的業務」之間的差距是非常巨大的。

另一家外商P壽險公司的N先生，則是表現出自己**「很多管閒事」**。同樣地，他也

強調透過介紹來擴展人脈，亦即，透過壽險這項本業以外的活動，以及他人來找自己商量的「閒事」，藉此和顧客結交（建立信任關係）是很重要的。

壽險業務就是為了顧客著想，而會多管閒事的族群。現今，人際關係淡薄，會管閒事的人少了。正因為這樣，N先生認為擔任人和人之間溝通橋樑的角色是很必要的，並且深深感到自豪。

壽險業「頂尖業務」都會異口同聲地說：「靠人幫忙介紹很重要。」所謂的介紹，一般會想到的是「介紹想買保險的人」。如果一開始就能介紹來買壽險的人，當然讓人開心。但在現實中不會只介紹來這樣的人。

為了增加介紹的人數，我們就要降低門檻，開心地認識那些沒買壽險的人。

只著眼在賣保單的人當然無法理解這點，即使被介紹來的人沒買壽險，他或她還是會為業務員介紹更多的人。幾年後，或許那個人就會對壽險有興趣或需求，這種情況也是很常見的。所以，業務員要有這樣的遠見。

從理論上來說，在顧客介紹的圈子中銷售保單的方式，就是在**「打造並拓展人脈網絡」**。透過幫助顧客解決諮詢的事項，建立起信任關係，圈子就會擴大。

懂得活用人脈網絡銷售保單的業務員，實際上不需花費太多的時間和精力，是很有效率的。只要獲得每一位來諮詢的顧客的信任，最終就會透過人脈網絡，讓顧客以介紹其他人的形式來回饋自己（在「38知道地域網絡的波及效果嗎？」中有詳細敘述）。

雖然我不喜歡這樣的做法，但這就是以往大家所說的「出賣自己」。透過熱情地諮詢顧客個人的生活問題，你就能成為受信賴的人。這麼一來，每一家的商品都差不多的時候，顧客就會購買你的商品作為諮詢的回禮。

悲哀的是，沒幾家公司會把這種方式有系統地教給大家。壽險公司只會在晨會時將當週預測的訂單塞給各業務員。因為公司只問結果，所以愈是認真且拚命的業務，就愈是只會介紹保單而已。

之所以會出現「無法提供諮詢的業務」，或許問題就出在公司沒有理解到應對諮詢的重要性。

銷售業務的正確做法 15

只要諮詢機會增加了，之後一定會帶來成果

第3章

銷售業務的正確做法．中級篇

給想「更上一層樓」的人

■中級篇適合已經累積實際成績到某種程度的人，以及尋求業績再度成長和突破的人。本篇會理論性、有系統地說明業務的工作，請務必將信心轉化為信念。

知道提升業績的方程式嗎？

平庸業務 ▼ **只看最後的數字**

頂尖業務 ▼ **分解並思考提升的要素**

我們可以用數學的方式提升業績。雖說是數學，但卻是很簡單的式子，所以請放心。其實有一種叫做**「提升業績的方程式」**（別名「提升生產力的方程式」）的東西。

請看圖片。能提升業績的要素有四個：「案件數」「金額」「成交率」「洽談時間」。亦即，增加案件數、增加金額、改善成交率三者是分子，而「縮短洽談時間」是分母。

■ 提升業績的公式

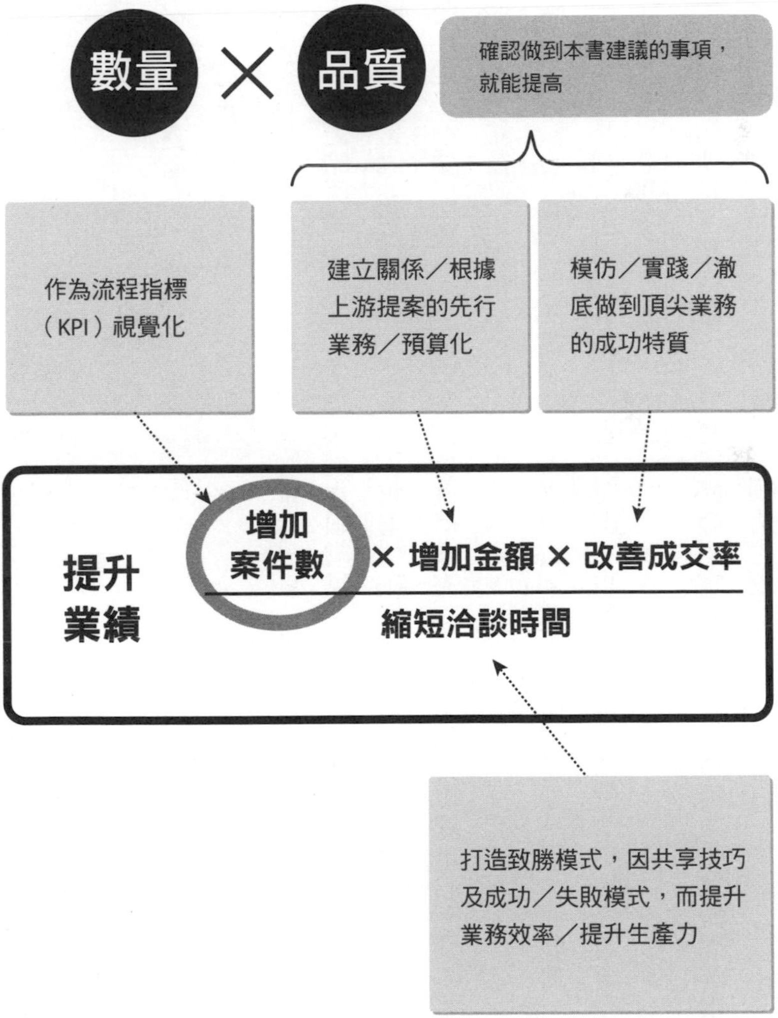
數量
×
品質
確認做到本書建議的事項，就能提高
作為流程指標（KPI）視覺化
建立關係／根據上游提案的先行業務／預算化
模仿／實踐／澈底做到頂尖業務的成功特質
提升業績
增加案件數
× 增加金額 × 改善成交率
縮短洽談時間
打造致勝模式，因共享技巧及成功／失敗模式，而提升業務效率／提升生產力首先是**「金額」**，若是自家公司無法控制價格的寡頭壟斷狀態，或商品或服務具有壓倒性的優勢，那又另當別論，不過，各家廠商通常會削價競爭，無法只依自家公司況狀就提升價格。

其次是**「成交率」**。這個也是我們無法完全掌控的，因為即使是非常完美的業務員，也不一定能得到訂單。

不論應對或提案的內容有多好，仍有可能因為顧客的原因而無法簽下訂單，例如沒有獲得批准、對方的業績不佳等，這種情況也很常見。

有時顧客不是真心想買產品，而是為了收集情報來做諮詢，或是隱約察覺到顧客是在比價時，也必須做出應對。不論銷售業務做得多完美，收不到訂單就是收不到。要讓顧客按照你的想法行動是困難至極的。

「洽談時間」也一樣，若能縮短時程，從賣方來看，生產力是提高了，但要讓一切如你自己設想的那樣，引導顧客進行採買的時間，也不是誰都能做到的絕技。買方完全不會關心賣方要達成的目標或截止日。

那麼，剩下的就是**「案件數」**。**只要好好做到該做的事、埋頭努力，就能確實增加案件數**。細節會在之後的「17品質與數量，哪個比較重要？」中說明。

前面是用稍微負面的角度告訴大家，要增加**「金額」**沒那麼簡單，但也不是沒有辦法的。那就是和擁有決定權的人打好關係，進行上游提案或先行銷售業務，相較於有競爭對手的案子，沒有競爭對手的可以確保更高的利潤。

那麼**「成交率」**呢？這點就可以模仿本書介紹的「頂尖業務」做法。掌握**「案件數量」**，同時實踐成功特質，並不斷改進做法，就能提高成交率。

「洽談時間」也一樣。只要學會了致勝模式，就會減少失敗，總的洽談時間也會縮短。只要共享成功／失敗的分析，就不會重蹈覆轍。從成功特質的角度來審視自己的強項及弱點，就能縮短洽談時間。

銷售業務的正確做法 16

提升業績＝（案件數量×金額×成交率）÷洽談時間

品質與數量，哪個比較重要？

平庸業務 ▼ **兩者皆想得到**

頂尖業務 ▼ **比起品質更重視數量**

提升業績的最快捷徑，首先，就是靠自己的努力確實地讓能增加的項目（案件數量）提升。其次，是學習並嘗試成功的因素↓不斷分析獲勝、失敗的模式↓強化業務力，提升成交率。就是以上這樣的順序。

順帶一提，所謂的「增加案件數量」在「7是否覺得老經驗沒用？」中有提到，在16項及18項中也有做理論性的說明。

銷售業務是機率論，為了更好理解，我以棒球的打擊率為例子。

首先要站在擊球區，也就是要先增加案件數（＝打擊數）。若不站上擊球區，就無法打擊。一般的順序是站上擊球區，並以提升成交率（打擊率）為目標。

雖然各別情況會因產業、行業和涉及的商品有所不同，但大致上情況和棒球相似，標準是三成的打擊率。

順帶一提，**有時也會碰到像①要提升案件品質？還是②要增加案件數量？這樣的疑惑，關於這點，我在訪問一千名頂尖業務員後，已經得出結論。答案就是②增加案件數量。**

原因就像前一項中「成交率」說明的那樣，因為很難控制顧客的決定，不論多完美的業務員，拿不到訂單就是拿不到（說到底，所謂完美的業務員也可能只是賣方的自以為是）。

我們不可能做到「同時改善案件的數量與品質」這麼兩全其美的事。魚與熊掌不可兼得，所以，首先要專注於增加案件的數量。不論任何事，都要有最低限度的練習時間。在這過程中，漸漸改善成交率↓縮短洽談時間↓以增加金額為目標。

提升業績的公式很單純，只要徹底研究這個式子，就能看到許多該做的事，也能確實獲得成效。

■ 首先要增加案件數

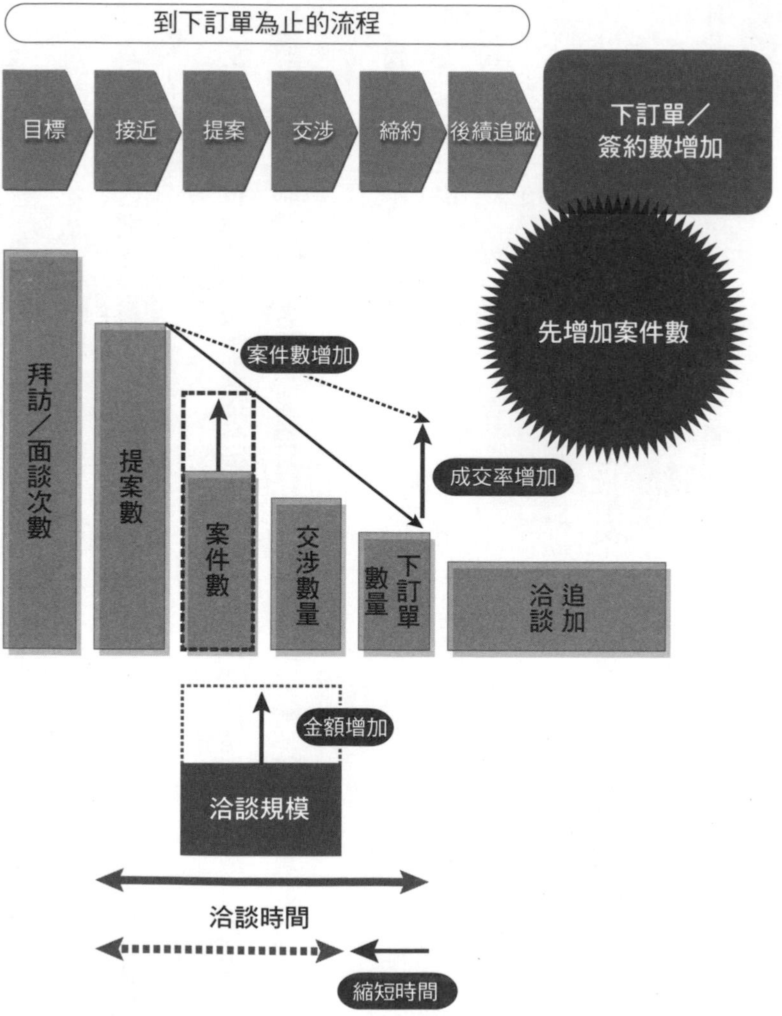
到下訂單為止的流程
目標
接近
提案
交涉
締約
後續追蹤
下訂單／
簽約數增加
先增加案件數
拜訪／面談次數
提案數
案件數增加
案件數
成交率增加
交涉數量
下訂單數量
追加洽談
金額增加
洽談規模
洽談時間
縮短時間

以下介紹S人力派遣公司的案例。許多人力派遣公司的想法都是：「先確認顧客要求的人才條件，然後仔細挑選符合期望的人才」。因為要仔細確認人才的條件及協助篩選，所以業務員一天要跑的拜訪件數為一、二件，最多就三件。

對此，當時超越其他家的S公司則有著完全不同的假設，那就是：「人力派遣的決定要件就在於，當一家公司需要人才的時候，很高的機率會委託前來拜訪的業務幫忙尋找。」

因此，S公司規定業務一人一天的拜訪目標件數為五十件（視地區及負責顧客的不同，範圍是三十至五十件）。提問也簡化為兩個：「有無招募人才？」「若有，是哪種職務類型？」這麼一來，每一家的拜訪時間約五分鐘就能結束。

而且，公司內部的系統也整備齊全。有需求時，在當天就能聯絡上合適的人選。業務不是回到公司後再挑選合適的人選，而是在拜訪後立刻就將資料傳給公司相關部門，即便條件不完全符合，但是可以快速提供給顧客相近人選的資訊。

這麼一來，業務在拜訪其他家顧客的期間，合適的派遣人選就會迅速送到顧客手上，結束案子。這樣的機制造就這麼高的效率。

S公司超越其他家公司的地方，就在於他們一天的拜訪件數是別人的二十至三十倍，並且能在二十四小時內迅速介紹合適人才。競爭對手也知道他們這種獨特的業務戰略，但卻無法改變自己的做法，所以才會讓S公司獨占鰲頭。

銷售業務的正確做法 17

若想獲得成果，首先要增加訪問數與案件數

提升數字的基本原則 18

有信心看懂訂單嗎？

平庸業務 ▼ **囫圇吞棗地聽信負責人的話**

頂尖業務 ▼ **一定會和有決定權的人談話**

到目前為止，我們分析了關於案件數的案例，然而，案件數增加了，就需要將各案件的訂單做正確的分級，並提升預估的精確度。

許多公司雖然會對案件進行分級，但幾乎都是負責的業務主觀分出A／B／C／D級。

「鈴木君定出來的A級可以信賴，但山田君的A級讓人有點懷疑，所以降至B級吧。」主管會參考各負責人的性格進行修正。因為分級標準很模糊，所以同樣是A級，也會因負責人不同而精確度各異，必須花時間去調整。

事實上，案件分級和預估訂單的成功率本就不能只靠負責人的主觀判斷，一定要按共通的規則做出客觀的判斷。

建議可以使用「BANT法則」。這是透過確認預算（Budget）、決定權（Authority）、需求（Need）與時機（Timing-Frame）這四個項目，來檢測案件分級及確認訂單成功率的方式。取四個詞的首字母，借棒球短打的說法，稱其為「BANT法則」。

BANT法則本來是大型外商IT資訊科技I公司運用派遣技術人員的標準，但也有不少公司採用這套在IT界中很知名的法則。

IT公司一旦派出技術人員，從他們被分配工作的時間點起，公司內部就會產生費用。為了不要無謂地讓技術人員同行，就要判斷當時的標準是否符合BANT法則。

運用BANT法則時，只要事先決定好規則，像是「只要B・A・N・T的一切都OK，就是A級」，誤差就會減少。

●運用BANT法則的例子

B＝是否有預算

・確認是否已經有了本年度的預算。

・沒有預算時，在預算化的流程中狀似不經意在談話中確認。

・詳細確認總預算、限定的使用範圍、董事會有否批准、執行預算的時期等。

A＝是否獲得有決定權者的確認

・與負責人打好關係是基本，要確認實際有權做決定的人是誰？決定人會有何要求？這些才是最重要的。

・最好的情況是負責人本身就有決定權。這樣就不用把打好關係這件事交付給負責人，必要時可以請上司或經營管理層出來應對。

・顧客公司內有誰反對？反對的原因？這些資訊也要請情報提供者提供，以做出應對。

N＝追根究底，顧客對於自家公司的提案有需求嗎？

・追根究底確認，顧客對於提案的商品、服務，是否有需求、興趣以及深入討論的可能性。沒需求時，就不要做無謂的努力了。

T＝打聽引進產品或預算的時間（時機）？

・即使顧客有需求，若是你們公司配合不了交貨期限、預定的引進時期、預算時期等時間，就要請顧客確認下次的交涉時間點。

・若沒必要，在約定的時間前不要做無謂的交涉。

這些項目中，最重要的就是A決定權。尤其探聽到真正有決定權的人是誰，並和對方打好關係是很重要的。

可是，一般負責的業務，尤其是年輕人，並不容易和有決定權的年長者（董事或部長層級）建立關係。

當然也有一些年輕人擅長和年長者建立良好的關係（號稱為老人殺手），但在二、三百人中也只有大約一個而已。

一定要注意的是，不要只埋首於和接洽的負責人交流，而沒有確認到具有決定權人的意見。想和負責人建立好關係並沒有錯，但負責人說什麼你都相信，是很危險的。即使負責人是支持你的，但常會發生一種情況，即決定權人和你的競爭者關係深厚，且已經決定要將所有案件交付給對方了。

為了不演變成這樣，也為了提升案件訂單的成交率，業務一定要得到決定權人的資訊，若發現單靠自己難以進行下去時，可以請上司幫忙，同時想辦法和有決定權的人接觸。

銷售業務的正確做法 18

利用BANT法則客觀審視案件層級

該怎麼做才能贏得競爭？

平庸業務 ▼ **仰賴價格與商品**

頂尖業務 ▼ **排除阻礙的因素**

只要提案、展示商品順利，之後就一路朝向簽約……雖然大家都很希望是這樣的發展，但在那之前，一定要排除「阻礙因素」。

在拜訪調查時，要先確認阻礙的因素，然而提案後才是重頭戲。阻礙的因素到底是什麼？在提案後追蹤時，要正確地把握並應對。

或許各位會覺得每件案子的情況都不同，但**阻礙因素大致可統整成如下七種**。

①價格 ②交貨期限 ③商品力 ④服務（支援、維護等） ⑤實績 ⑥政治力 ⑦負責業務的應對

阻礙因素中的比較對象，就是你的競爭對手。與競爭對手處於競爭狀態時，要具體打聽對方的名字，並盡可能打聽他的優缺點。若和顧客有打好關係，就算沒有問到直接了當的答案，也能得到一些暗示。

也可以打聽自家公司的提案和競爭對手的相比較，有哪些可以加強的地方，盡可能排除一切阻礙因素。

一般人會認為阻礙因素多在①價格以及③商品力，但實際上，也有不少例子是顧客對⑦負責業務的應對不滿。關於這點，業務員本身很少自覺到，所以上司以及公司要有系統地進行客觀上的判斷。

商場上會發生什麼事難以預測。尤其是碰上競爭時，很難預料後續發展。競爭時，

對手可能會打出價格戰以攪亂情況，或是使用政治力阻撓。締約時也不要拖泥帶水，一定要打鐵趁熱。

若顧客的問題變多了，互相聯絡的次數也更頻繁了，就是接近締約的階段了。因為顧客為了要得到公司內部的同意，需要向公司內部相關人士說明得更詳細，或是向你確認更多事項。因此，不能錯過顧客情緒最高昂、即將在公司內部做出決定的時機。

「頂尖業務」也會遇到大致底定、卻因大意而失掉訂單的慘痛經驗，而「平庸業務」卻不會察覺到這種細微之處，到了最後關頭反而掉以輕心。

若能排除競爭對手和阻礙的因素，後續則以賣方的步調來進行，會比較順利。因為買方不清楚締約的程序。在買方做決定的階段，針對價格及交納期限的交涉會是一大重點或瓶頸。若是雙方都同意那個價格，接下來就要把焦點轉移到交納期限和引進的時程。

很多例子都是買方希望「馬上要到貨」，所以從這個時程表回推的話，依賣方的邏輯越快簽約越好。

「頂尖業務」不會特別關注締約，或許大家會感到有點意外。因為**「頂尖業務」期**

望的發展是，在締約前的業務流程中就把不安的因素消除掉，所以不必特別關注締約，自然而然就能簽下合約。

再回到排除競爭對手的話題上，並往下深掘吧。案件可以分成兩種：「有競爭對手」及「沒有競爭對手」。「頂尖業務」的案件是以「沒有競爭對手」的居多。因為「頂尖業務」在拜訪調查的階段，就會和顧客一起探討後者的問題，自然而然將這些問題轉化成新的案子。雖然也會遇到競爭的時候，但因為超前了解問題並提出方案，所以在實質上已經排除掉競爭對手。

在這種獲勝模式中，他們會做的事就是回覆顧客的問題（細節或技術的確認）、消除不安（可以得到的服務和支援）、回應期望（價格交涉及希望交納的期限）。這麼一來，阻礙的因素自然減少了，整個過程也很自然從顧客的需求到公司內部許可，所以頂尖業務很少再去關心締約這件事。

當然，「頂尖業務」也不是永遠都不會碰到競爭對手的，**但他們會在競爭中超前一步，和顧客一起討論出案子。**

相反地，「平庸業務」多是「被動等待案子」，也就是有了案子後，才和競爭對手拚搏，很多時候都是晚了好幾步了。

在「16知道提升業績的方程式嗎？」也談到，**進行上游提案及先行業務，是因應阻礙的最佳策略。**

運用這種戰略性銷售業務，就能改善成交率與獲利率。

銷售業務的正確做法 19

不戰而勝！創造不必競爭的案件

提升數字的基本原則 20。

是否因為締約而嘗盡苦頭？

平庸業務 ▼ **想要輕鬆接到訂單**

頂尖業務 ▼ **使用必殺技**

前一小節提到排除阻礙的因素後就能順利締約，其實**「頂尖業務」還另有「必勝模式」。只要運用這個模式，就擁有必殺技，很高的機率能獲得訂單。**

在第8項中我們介紹過軟體公司Y先生的致勝模式，該模式就是配合顧客的用語，展示出「修正展示版本＝顧客專用的客製化展示版本」。

據Y先生說：「這麼做雖獲勝率不是百分百，但也有八成的機率。雖然會花點時間和精力，但只要長遠來看，即使沒有得到訂單，這麼做的辛勞也不算白費，就總體來看，性價比還是挺好的。」

Y先生碰過一個案例，因為對方的原因而使得案子流產，但三年後對方就來下訂單了。案件之所以流產，是因為顧客方的原因，當時他們以投資本業的設備為優先。

顧客對Y先生的提案並沒有不滿，反而印象很好，所以三年後，當對方公司有餘力再度投資時，他們的社長還親自來拜訪和道歉。Y先生利用客製化展示版本，確實打動對方的心，因而最後成功拿下訂單。

另外一個案例，是N公司的H先生，他是販售獨棟住宅給個人的業務，他的必勝模式是「樣品屋的住宿體驗」。購買房子是個人一生中最高價的物品，無法只靠手冊上所介紹的銷售技巧或話術，就能讓顧客做出決定。設計圖和3D模型雖能拓展顧客的想像，但其他公司也這麼做。

H先生會帶著看屋者一家人，讓他們在樣品屋體驗住宿。事前，他會不經意打聽顧客的喜好或喜歡的小東西，將樣品屋裝飾一番，並在入住當天，出動所有工作人員迎接、接待。顧客大為感動，據說成交率超過七成。

軟體和獨棟住宅是二種完全不同的商品，**但它們共通的必勝模式，就是免費的「模擬體驗」。單單只用銷售話術、技巧和書面資料，是難以讓人理解的，因此顧客很難下定決心購買。只要將免費體驗的服務加入購買前的確認流程中，就會提高下訂的機率。**

上述二個案例都要花費時間和精力，但也會有相應的回報。「擅長締約的業務」只要運用這種模式，幾乎就是擁有了簽下訂單的必殺技。「不擅長締約的業務」不願意花費必要的時間和精力，只想盡可能輕鬆以對。沒有進一步的用心，就無法順利引導出顧客最終的決定。如果是很幸運遇到一心想購買的顧客，當然不必使出特別技巧也能簽下訂單，但這類案件非常少。

雖然有些麻煩，但找出一套專屬於你自己的致勝模式，才是邁向「頂尖業務」的務實做法。

如果沒有開發你自己的致勝模式，就得每一次銷售時都要花上時間和精力與對手競爭，反而更加辛苦。

銷售業務的正確做法 20
消除顧客的不安，開發你的必勝模式

是否珍惜寶貴的時間？

平庸業務 ▼ **不知道當天的行程**

頂尖業務 ▼ **將時間視覺化**

有句話說：「時間是每個人都擁有的平等資源，所以要珍惜。」的確是如此，但「頂尖業務」是怎麼具體去珍惜時間的呢？

令人意外的是，最容易被忽略的就是行程表。很多人認為記錄行程表很麻煩。雖然大家知道要珍惜時間，卻很少人活用行程表，進行時間管理。

活用行程表的目的有二個，一是和公司共享自己的預定行程，另一則是自己的時間管理。

在公司共享自己的預定行程是業務的義務。透過將預定的行程視覺化，公司就會知道你要去拜訪哪位顧客，也能獲得上司及團隊的信任。

當有緊急狀況聯絡不上你時，只要公司掌握你的預定的行程，同事就能幫你回覆顧客，告知顧客你何時會跟他聯繫。

此外，有些人習慣使用紙本筆記，然而許多「頂尖業務」都會巧妙活用工作排程軟體，可以當場輕鬆調整與顧客的預約。那些經常要改變行程和洽談事項的業務，使用工作排程軟體就可以輕鬆修正。

若是手寫筆記本，改變行程就很麻煩了。「頂尖業務」說：「了解軟體的優點後，就再也回不去紙本了。我已經超過十年沒用紙本筆記本了。」

「平庸業務」因為覺得麻煩，幾乎不使用工作排程軟體。雖然現今仍有人把自己的行程寫在黑板或白板上，但這樣同事仍不知道當天的時間安排。

「因為業務出門在外，看不到他們在做什麼。」這是其他部門不信任業務的典型說法。雖然沒有同事會當面這樣說，但公司內部對「不知道預定行程的平庸業務」總是會懷疑：「那個人在做什麼呢？」

如果顧客正好打電話過來找人，問了代接的同事你什麼時候會回公司，你同事只能回答：「不清楚耶。」顧客就會心生懷疑：「這家公司沒有做好行程表管理嗎？」信任感就會這樣一點一滴地瓦解。

身為公司的成員，有義務共享行程表，此外，活用工作排程軟體的第二個目的——自我時間管理——也是很重要的。

不僅是拜訪顧客，可以把製作好的資料、客訴應對、公司內部會議等必要的工作，登錄在工作排程軟體中，就能掌握自己究竟把時間花到哪裡去了。

我們常說「要排好優先順位」，透過工作排程軟體安排，輕易就能整理出優先事項。在工作排程軟體中，**具體登錄該做的事、將有限的時間視覺化，是管理時間的第一步。**

若有公司能澈底運用工作排程軟體，就能做到一定程度的視覺化。

若你能透過工作排程軟體，不經意地讓周遭的顧客看到你安排的業務行程，是再好不過了。**工作排程軟體是展現自己正在努力的工具。**

銷售業務的正確做法

21

不僅是拜訪，也要把必要的工作製成行程表

是否有計畫地跑業務？

平庸業務 ▼ 行程表空空如也

頂尖業務 ▼ 行程表塞滿滿

只要看一下工作排程，立即就知道誰是「頂尖業務」。

「頂尖業務」的行程表是塞得滿滿的。不僅是和顧客碰面，他們也會將提案準備、和公司相關同事協商、製作自己的資料等必要事項，詳細記入行程表中。即使沒使用工作排程軟體，筆記本也是寫得滿滿的。除此之外，他們還會貼上備忘錄或小紙條，乍看之下，筆記本密密麻麻一片黑。

相反地，「平庸業務」的行程表則是空空如也，看起來一片白。要拜訪的顧客只有二、三件，和公司內部的協商則是一、二件左右。其他要做的事前準備、製作提案資料等，都沒有列入作業時間。

我詢問過在忙碌的N通信系統公司上班的T先生，想了解他在使用工作排程軟體時下了什麼功夫。他說：「**首先，在二個禮拜前寫入接下來的拜訪時間。若要提案，就從提案日回推，記下準備資料的日期。調查時間以及和公司內部協商等事項，也要寫進行程表。**」

我覺得二個禮拜前就記錄拜訪日期，好像有點太早了，就再問了一次。結果他回答：「若只有一個星期，遇到需要事前準備資料時，時間就會很緊湊。因為還要應對其他負責的案件，間隔二個禮拜的訪問頻率是剛剛好的。」

而且，他還告訴我，**從二個禮拜前就開始進行作業調度的「預定業務」訣竅**。「即使一開始什麼計畫都沒有，也要硬是在二個禮拜前就將計畫寫入行程表中，再來是把準備資料以及和公司內部協商等事宜也寫進行程表中。過了二、三星期後，行程表就會填滿，預定業務的循環就會開始轉動起來。不過請注意，不要把行程填得太滿，因為一定會發生預料之外的事，建議保留二個小時左右的餘裕。」

業務員要做的事很多，若只記在大腦中，就沒辦法整理好，一定會遺漏。例如突然有客訴、緊急應對，或顧客要求馬上過去處理的事，這些都會使我們漏掉一些沒記下來的事。

像是「一個禮拜後再聯絡某某某」或「今天要寄出的資料」這種事就很容易忘記，所以把該做的事記在工作排程軟體中，就是一個「有時間管理能力的業務」的做法。

說到任務管理，一般會用TODO清單，但有一種說法：「寫入TODO清單中的任務，不論經過多久都不會去處理」。只列入清單是不夠的，唯有具體行動，才是任務管理的重點。

有時候，顧客來電詢問時，有些業務會說：「今天或明天，隨時都可以。」然後馬上前去拜訪，這一點要注意。因為「頂尖業務」很少會這麼做。

顧客不會想跟「空閒的業務」買東西。他們想把自己的事務交由能確實應對顧客拜託的事、「適度忙碌且值得信任的業務」來負責。

「能做到預定業務的業務員」並不空閒，尤其不是緊急的要求，大多會排到一、二個禮拜後。如果一定得臨時拜訪客戶，在百忙之中也會安排時間，做到隨機應變。

「沒有預定、過一天算一天的業務」會被眼前的事物牽著走。因為沒有預先計畫，資料也是在當天才慌慌張張地準備。外出前匆匆忙忙的業務就是這種類型的。這樣就擺脫不了一直忘東忘西、準備不足，以及低質量應對的惡性循環。

注意到工作調度的重要性、留心預定的業務，就能提升為「能控制時間的業務」。

銷售業務的正確做法

22

若想成為熱門業務，就要把二個星期後的事務寫入行程表中

是否有效率完成企畫案？

平庸業務 ▼ **從零開始做起**

頂尖業務 ▼ **尋找類似的企畫案**

「頂尖業務」不想從零開始自己製作資料。準備提案資料時也不會草率地開始製作簡報（以下簡稱「PPT」）。他們會先尋找有沒有可以作為基底的既有資料。因為過去若有做過類似的提案，參考那份檔案比較快。簡單來說，就是盡可能抄襲之前的檔案。

「平庸業務」不會想到要找類似的提案，他們從零開始做起，因此很容易擱置，接近期限日時才開始製作。其實，顧客看得出資料是不是最後一刻才慌忙製作出來的。沒有做好準備的提案，基礎不牢，無法打動人心。

「抄襲」聽起來很糟，但這是運動等各領域高手的普遍做法，是既保證品質又提高效率的聰明做法。日文中，學習（学ぶ〔manabu〕）的詞源即是模仿（真似る〔maneru〕）。學習技藝的根本就是「學習＋守破離」（譯注：「守破離」指的是：守，遵循傳統；破，打破規範限制；離，超越規範限制，獨創一格。）。一開始即從學習形式（模仿）開始，「創新」也是抄襲的一種。

雖然是創新，但也不是一切從零開始創造。創新是新的結合，亦即集結已有的知識、技術，然後創生出新的價值。

若要提案，就要把之前優秀的提案當成模型來抄襲。配合每件案子的背景和條件，改變銷售方式，並提出稍有原創性的內容。這樣做不會花費太多的時間和精力，兼顧提案的品質與效率，這就是「頂尖業務」的提案技巧。

要得到訂單需要有好的提案，但製作企畫書不是業務的主要工作。別花太多時間在上面，要以提案的效率和相應的水準為目標。

F先生在日本大型且有多家分店的J旅行社工作，他說各地分店採「營業時差」的工作方式就很足夠了。雖然J是大型公司，但F先生的分店只有幾個人手，沒有提案專家。因此，他們會打電話給東京總公司收集提案情報部門的同期同事，詢問他們有沒有做好的資料，再請同事將能參考的寄過來即可。

他說，即使那些在東京已使用過的舊資料，但因為各地資訊有落差，所以利用這種「營業時差（提案時差）」舊資料就已夠用了。真是巧妙的抄襲法。

除了東京外，平常也要在各區域重要分店裡和可以提供資料的同事打好關係。「有能力做出提案書的人」內心都會感到自豪，也可能會想要教導他人，只要你願意放低姿態，真誠地說：「請教我。」那些同事幾乎都肯教你。

不過，請記得跟周遭的同事說，你得到那位同事的協助（即資料來源），這樣即是對他的回報，讓他為自己感到自豪。

然而，這種做法在同一家公司裡也可能會引起不滿。雖然負責的地區不同，但若未經原提案人許可，就擅自借用了資料，還佯裝是自己製作的，這樣的業務就很不上道了。對方辛苦完成的資料被盜用，這樣他就再也不願意教導盜用的同事了。而且消息一旦傳開，短時間內公司不會再將提案資訊跟大家共享了。

「提案高手」的企畫書和技巧是重要的智慧財產。雖然是公司份內的工作，也要表示尊重，清楚標明原作者和資料出處等。懷著敬意引用人家的智慧，才是做人該有的禮儀。

在公司內靈活沿用優秀的企畫書，才是出色的知識管理。在既有的提案基礎上，加入新的元素，就能策畫出更高水準的提案。

和同事間建立信任關係需要付出時間，然而，喪失信任只是一瞬間的事。要重新建立起曾經切斷的資訊共享鍊不是那麼容易的。

銷售業務的正確做法 23

不要從零開始製作企畫提案，要抄襲並改善！

下了什麼功夫在製作資料上？

平庸業務 ▼ **花很多時間製作資料**

頂尖業務 ▼ **不以一百分為目標**

就業務員來說，花太多時間在製作資料上，可不是件值得稱讚的事。不論在哪間公司，都會把這點視為問題。因為公司希望業務員增加和顧客接觸的時間。

典型的例子就是花太多時間在製作簡報上。不論在哪家公司，都會有那種製作一張投影片就花了二、三小時的員工。只要提到這話題，幾乎所有人都會點頭：「我們公司中也有這種人喔。」（請參考「28有自覺到自己的強項嗎？」中第一五八頁的圖）

不論花多少時間在簡報上，顧客也不會知道。或許製作者很在意一字一句、圖片的配置等，然而顧客並不會像想像中那樣看到那麼細部的地方。只要換個角度，回想自己收到他人的提案時，應該就能理解了。

「頂尖業務」在製作資料時，不會以一百分為目標，有六十分就好（「六十分主義」），有信心只要做到合格且不會丟臉就好。比起虛榮心，他們更重視對方想知道的重點，做出直截了當的提案。

有項鐵則是：「人們不會閱讀頁數過多的資料。」若提案資料有五十至一百頁，沒有人記得住，只會模糊重點。尤其是忙碌的決定者，都偏好一至三頁左右的資料。若有額外的問題，只要在附頁回覆就好。

實際上，我曾看過「頂尖業務」的提案資料，頁數是意外地少。較少的頁數在五至十頁左右。若是顧客方有要求相應的頁數，也只是二十至三十頁左右。這種提案資料只有幾頁是新製作的，其餘都是利用之前的素材，提升效率。

有個小訣竅，能讓你靠著六十分就過關的。首先，製作一份三十分左右的草案，並結合口頭說明（三十分洽談），請顧客確認那樣的提案方向可以嗎？之後再以顧客的建議為基礎，製作六十分左右的提案（六十分提案）。

後續，可以依據顧客的反應和追加的意見調整，讓顧客覺得這是和自己一起完成提案的。

整理一下，就是**「三十分洽談→六十分提案→共同推敲→完成提案」**這樣的流程。這樣和顧客共同研擬出來的提案，幾乎不會有誤差。因為在草案階段已經和顧客確認了方向，完成的提案就會符合顧客的需求。

因為和顧客一起研擬，就不會去在意和提案本質無關的無謂細節。別製作不必要的頁面，頁數就能控制在恰當的範圍內。若自己不清楚重點，才會什麼都想放進去，頁數愈多，對閱讀的一方來說就愈是負擔。

頁數少，製作的時間也少。

以上說明了製作資料時下功夫的點：「迅速抄襲的方法」以及「六十分主義」，但「頂尖業務」不只有這樣的技巧。這樣的做法，不可能應對所有案件，且經常這樣也會被顧客看出手腳。

「頂尖業務」雖然不會花時間在製作資料上，卻很重視準備過程。接下來第25項中，就要說明提案的準備流程。

銷售業務的正確做法

24

夾帶三十分／六十分的洽談／確認過程

有充分準備，不讓提案失敗嗎？

平庸業務 ▼ **在提案的空檔中慌忙準備**

頂尖業務 ▼ **回推時間進行準備**

「頂尖業務」只要時間許可，就會自己提出好提案。另一方面，為了增加和顧客接觸的時間，會想辦法盡可能減少其他工作，尤其是行政等工作的時間。

F先生在多功能事務機製造商K公司的業務部擔任副總經理，他常是動口不動手。以前他也曾自己寫過提案，覺得自己動手比較快，而且老實說，他經常很煩躁。可是，他也意識到這是在自己立場上不可以做的事，所以一直忍耐著，只停留在給建議的程度。

他重視的，是**「讓提案成功的準備過程」，亦即從提案時間回推，弄清楚步驟，然**

後澈底執行。以下依序說明。

（1）從提案日反推時程表

從提案日的時間點反推，確認「公司內部會談」「第一、二輪討論」「修正至最終確認」等必要事項與準備時程表。

然後製成時程表。

（2）與公司內部的協力者會談

和公司內部協力者如技術支援、產品開發、鑑定部門等會談，在說明案件概要以及顧客的需求上，請求他們協助。

（3）有無類似提案

不要從零開始製作提案，先確認有沒有類似的提案。

若有，就以它為基礎，提高製作企畫案的效率。

（4）估算報價

參考類似案件，根據報價流程和形式，製作估算報價。

為製作詳細的報價估算，要先統整該向顧客確認的必要事項。

（5）時程表方案

人們會被價格吸引住目光，但要盡可能遵循顧客的期望，確認公司內部協力部門的資源狀況。遵循製作時程表的形式，製作企畫預定方案。時程表是引導顧客的重要俯瞰圖，要跟上司商討、確認後再製作。

（6）上司確認、同行

確認顧客方預定會出席的人。若有部長層級以上的人同席時，除了要報告案件狀況、提案重點、阻礙因素等，還要拜託上司同行。

上司不要負責提案，秉持人才培養的立場，例如下屬是否確認有決定權者的意思、提案的重點有沒有誤差等，在提案上支援下屬，避免失敗。

在這個準備過程的背後，有著辛酸的失敗經驗。F先生進入公司後碰到第一次提案時，他想要學習，沒有做足事前確認而直接上場。結果提案內容七零八落的，很是悲慘……當然也就沒有得到訂單。

原因很簡單，因為他在事前完全沒有確認提案內容、說明結構等。之後他就謹記在心，相同的過錯不再犯第二次。為此，他將自己構想的準備過程常規化，並共享給部門的成員。

以上介紹的準備事項全是基本步驟。可是實際上，在任一公司內，都會看到因為輕忽了這些項目，而在接近提案時慌慌張張的「平庸業務」。

相反地，**「頂尖業務」會澈底進行提案的準備過程，心無雜念，有餘力做完準備，不會在前一天或當天還慌慌張張的。若不想提案失敗，大家要像一流的專業選手那樣，把成功的特質常規化。**

銷售業務的正確做法 25

把提案的準備過程常規化

向誰提案、展示呢？

平庸業務 ▼ **只對負責人提案**

頂尖業務 ▼ **專注在有決定權的人身上**

不用說，提案、展示很重要，是能否獲得訂單的重要關鍵。**提案、展示建議要區分為「針對負責人」和「針對有決定權的人」兩種**。但是，會明確意識到這點的業務並不多。

針對有決定權者的提案、展示前，一定要檢查是否已**「確認決定權人的需求重點」**。

此外，或許這點很微不足道，但一般人很容易疏忽展示環境等基本事項的「事前確認」，所以希望大家能全面確認，不要遺漏。

以下詳細解說「頂尖業務」尤其會注意到的二點事項。

●確認決定權者的需求重點

針對負責人的提案、展示很重要，可是不要滿足於此，因為**針對決定權人進行相同內容的提案、展示更為重要。若能做到這點，就能提高拿下訂單的機率。**除了事前確認決定權人的需求重點，還要依據那些重點進行提案，這才是提升得到訂單機率的勝利公式。

「平庸業務」常落入一個陷阱：只相信顧客方負責人說的話或資訊，來判斷案子或提案。但顧客方負責人並不一定會正確地將你的提案內容報告給有決定權者。此外，往往也有決定權人要求的重點和顧客方負責人認為的重點，有著落差的情況。

一定要確認有決定權者（也必須確認有實質決定權的人是誰）以及指揮官的意思。不要囫圇吞棗地聽信顧客方負責人的間接意見，要找機會聽聽決定權者本人直接的意見。不僅是業務員本人，最好能把上司一起拉進來和決定權者會面並確認。

●事前確認

不能疏於事前確認。養成習慣，記錄下必要事項，在提案、展示的前一天確認，這點很重要。「平庸業務」常常在當天出發前才慌張準備，這種工作方式很糟，要注意。

像這類事前準備，基本上要在前一天就不慌不忙地完成，當天則僅限於再次確認。有些公司會將必要事項列成檢查清單，讓員工反覆閱讀，澈底記住。

順帶一提，應該要事前確認的事項有以下七點。

①顧客方負責人的需求＋針對決定權者應該強調的重點　②出席人數
③演示、展示環境（Wi-Fi 等）　④印刷品　⑤確認會跟自己同行的上司

⑥確認夥伴、公司內部同行者　⑦其他注意要點

「頂尖業務」會特別確認以上兩大項。尤其從拜訪調查的初期階段開始，一定會檢查「確認決定權者的需求重點」。而且會在提案、展示前再度確認。

決定權者的需求重點僅限於一至二點。為了不漏失重點，要和顧客方的負責人一起合作。

銷售業務的正確做法 26

分別思考針對負責人和決定權者的提案、展示

提升生產力是主要課題嗎？

平庸業務 ▼ 往往分神去處理業務以外的工作

頂尖業務 ▼ 不僅是進攻，也會注意防守

一談到提升業務力的話題，常常偏向進攻型的業務。其實在這之前，要能專注在「本來的業務工作」上，就必須減少業務員的負擔。謀求業務的高效率、提升生產力的「防守觀點」也很重要。

要提升業務力，就必須增加「和顧客接觸的時間」。可是有個問題，業務真正使用在業務上的時間，比想像中的還要少（關於這點，會在「42有沒有把時間用在『真正的業務』上？」詳細說明）。

即便常聽人說：「要達成目標」「要增加訪問顧客的次數」「要增加優良的案件」，但第一線現場的實際情況就是要忙著去處理本不該傾盡全力的事件，例如處理事務及應對客訴等。

在今日的業務現場，大家都忙到了極限，若想要提升業務力，不僅要將頂尖業務的做法視覺化，還要將可提高處理事務效率的做法一併視覺化，並做出檢討。

具體來說，業務為了能專注在本該專注的工作（＝重要的流程）上，例如拜訪調查及提案等，就要盡可能減少處理事務等負擔。

一旦處理的案子件數增加了，事務作業也會增加，若不致力於「提高處理業務的效率」，在某個時間點，負責的業務員就會超過負荷限度而爆炸。

為了防止發生這種事，最切實的解法就是「活用現有資源，透過分工、團隊制等機制來提高效率」。

以下介紹A信用卡公司的解決步驟（思考）。

（1）若把所有事務作業都交給業務一個人處理，因為有擅長和不擅長的部分，會變得很沒效率。結果就是分不出人力去開發新加盟店以及追蹤已有的加盟店。

（2）依靠事業部的後方支援部隊／業務部／助理／兼職／打工來分工、應對各項事務處理，以提高效率。

（3）首先，為了增加業務員和顧客的接觸點而進行詳細調查，例如申請後的事務作業等，有沒有妨礙了業務員本該進行的流程，像是拜訪加盟店等。

（4）為此，要將處理件數的分量和負責的業務員的負荷視覺化，透過分工、團隊來調整應對的體制。業績愈好的業務員，案件數愈是增加，負荷當然就會增加，所以分店店長要掌握狀況，別讓該業務員一個人處理那些事。這就分店管理來說也很重要。

（5）依各分店的情況不同，有些分店沒有專門負責處理事務的人。這時候，為了提升效率，就必須活用現有資源，審慎考慮分工及團隊制。

即使無法每間分店都有一位常駐人員，但建立起集中管理製作提案資料、市調、製作向本部報告的資料等任務的分工體制，能作為初步效率化的方案。

（6）即便人數不多，但若有熟悉處理中請相關事務的事業部或分店，就要去拜訪詢問他們的做法，以做為其他分店學習的例子，進行橫向展開。

重新統整重點後，就是以下二點。

★將收到訂單、簽約後的事務處理及應對客訴效率化，以減少業務員的負荷。

★盡可能擺脫和業務成果沒有直接關聯的事務作業，利用多出來的時間，專注在與顧客的交涉及提案上。

銷售業務的正確做法 27

為了不讓工作爆量，就要減輕事務作業的負荷

有自覺到自己的強項嗎？

平庸業務 ▼ **想修正弱點**

頂尖業務 ▼ **想活用強項**

前項「為專注在本來的業務工作上，就要減輕事務處理等負荷」的觀念，是屬於**「組織分工」**的管理議題。不過，並不是所有公司都會做到組織上的分工。

「頂尖業務」不會等待上層給出指示，而是自發地或出於需要，專注在「該做的事」，且在**「自我分工」**的機制上費盡心思。

如果只思考著自己原本所負責的層級的事，是無法成為「頂尖業務」的。學習並理解上司管理式的思維，是成為「頂尖業務」的一項條件。這時也會觸及到如何活用個人強項和弱點的管理思維。以下介紹的類型分析，可做為參考，幫助各位設計一套把工作分出去的機制。

不只是業務工作，**「如何活用他人的強項並補足自己的缺點」**在其他領域也很重要，若有人可以把業務的一切技能提高到最高等級，工作就不會那麼辛苦了。能做到這點的員工很少。

「該如何活用他人的強項和缺點呢？」這才是切合實際的想法。

以下我舉出三種常見的業務類型。

A先生：很有行動力，擅長「開發新客戶」及「說明商品」，但不擅長於「提案、展示」，屬於會洽談失敗的類型

B先生：「條件談判」的能力特別強，很喜歡晚上的應酬，但早上起不來，屬於不擅長「開發新客戶」的類型

C小姐：口條不好，但不知道為什麼卻分配到業務部，「製作提案資料」的功力出類拔萃，很受同伴仰仗的類型

■ 常見的三種業務類型

全能員工
很少見
A先生
應對客訴
開發新客戶
製作提案資料
說明商品
0
1
2
3
事務作業
拜訪調查
條件談判
提案、展示

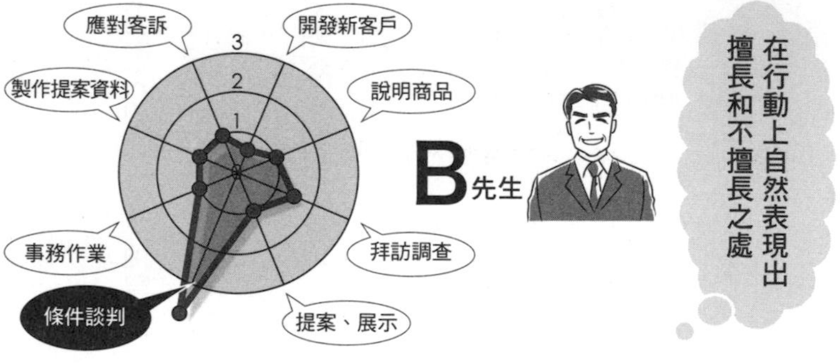
應對客訴
開發新客戶
3
2
1
製作提案資料
說明商品
事務作業
拜訪調查
條件談判
提案、展示
B先生
在行動上自然表現出
擅長和不擅長之處

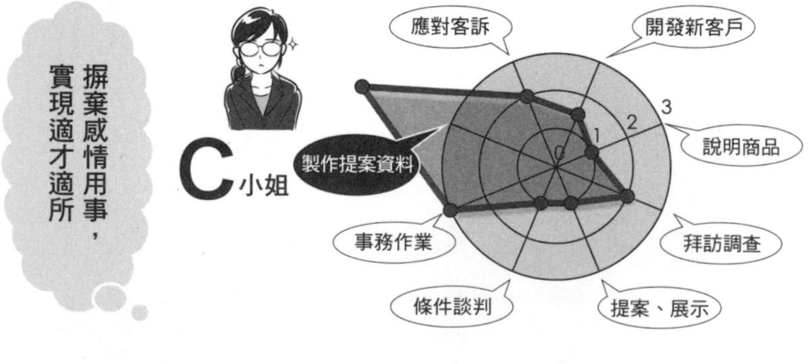
摒棄感情用事，
實現適才適所
C小姐
應對客訴
開發新客戶
3
2
1
0
說明商品
製作提案資料
事務作業
拜訪調查
條件談判
提案、展示

若是按照現今的做法，上司會責備A先生糟糕的提案能力，叫B先生別喝酒，命令C小姐培養口才。但其實這麼做並不會出現讓人期待的效果。

要修正人的弱點很困難，即使付出了時間和精力，回報也很低。

那該怎麼做呢？其實可以整合個人強項，組成團隊。A先生頗受顧客好評又喜歡開發新客戶；B先生擅長條件談判，在案件締約上很受信賴；同時C小姐則擅長製作提案資料，所以只要把三人集結為一支團隊就可以了。這麼一來，就能發揮彼此的強項，補足相互的弱點，輕易獲得業務上的成果。

即使至今他們每個人的達成率都是百分之五十，只要結合起來，就有可能突破百分之二〇〇的結果。就像這樣，把每個人的強項，集結成團體制，並設計分工的機制，就能活用人才。

以下分享我從精密機器製造商Y公司幹部M先生那裡聽來的故事：**「比起一個百分之二〇〇的員工，公司更該重視五個百分之八十的員工。」**

Y公司以成果作為員工考核標準，但並不順利。M先生想出的解決方式是**「團隊力的考核及教育的重要性」**。關鍵概念是「比起一個百分之二〇〇的員工，更該重視五個百分之八十的員工」。**也就是說，「比起一名超人完成百分之二〇〇的工作，透過培育五名員工完成百分之八十的工作，組成團隊就能完成百分之四〇〇的工作。」**

這項教育計畫，必須先從打地基開始。例如包含應酬在內，建立好上司和部屬的關係，教育下屬和顧客接觸、提出意見的方式，以及公司內部調整的方法等。

同時，公司要聲明，此後必須將教育視為人事考核評價的重點。包含管理者在內，都要認識到教育的重要性，要奪回因之前太重視成果，而喪失的日式企業團隊工作這個強項，這才是在不斷變化的環境中生存下來的關鍵，這點是絕對的。

銷售業務的正確做法 28

將不擅長的工作交付給他人，打造自我分工的機制

有沒有和公司內部相關的部門攜手合作？

平庸業務 ▼ **說其他部門的壞話**

頂尖業務 ▼ **為了顧客而低頭**

「頂尖業務」為了獲得成果，會留意和公司內部相關員工的合作。

公司內部合作是必要的，這點應該沒有人會反對，但實際上卻常常看到相反的例子。無法順利合作（交情不好）的情況也會暴露給顧客知道。即便本人沒有意識到，在不知不覺間也會表現在言行舉止上。

「頂尖業務」會把這點當反面教材，不會輕忽大意。因為那會帶給顧客不好的印象，最後就會失去案子。

「平庸業務」不會在公司內部打好關係，他們反而會覺得「我們的技術很令人頭痛……」而不禁抱怨起來。

顧客不會想拜託內部無法合作的公司。因為一旦發生什麼事時，會對不知道能不能獲得組織性的應對感到不安。

以下要來說說在合作上尤其重要的三個相關部門的「某個故事」。

●技術

平庸的組織中，業務與技術部門的關係並不太好，彼此會互說壞話。尤其經常會聽到技術部門的不滿。詢問技術人員：「業務人員是有哪裡不好嗎？」他們做出了如下的回答。

「不希望他們連一點簡單的事都來叫我們。希望業務也要學點最低限度的技術。」「還以為是有很高機會拿下的案子而陪同著一起去了，結果卻還在考慮的初期階段，那根本不是技術人員出場的時候」「完全沒在聽人家在技術上的期望或重點」「業務沒有跟對方的關鍵人物建立起關係」等。

業務也有要說的。「技術的說明很難懂，顧客無法認同。」例如也有技術人員雖有技術力，卻無法在顧客面前拿出手。有些類型的技術人員比起生意，更重視技術上的正確性。

他們不介意顧客是否能理解，使用著艱澀難懂的專門用語，不讓步自己的主張，更甚的情況是惹怒顧客。

「頂尖業務」會在恰當的時間點拜託「高手技術員」同行來幫忙他。看透時機點的方法推薦可以使用BANT法則（關於BANT法則請參照第一一六頁）。

若是超過業務層級到了技術性話題時，就帶上「高手技術員」，使用連外行人都能懂的詞語去做說明。如此一來，顧客就能安心地進行洽談。

「高手技術員」會用對方能理解的親切詞語，說明艱難的技術內容。也有公司會以「能歌善舞的技術員」來稱呼這樣的「高手技術員」。「頂尖業務」會和這類能歌善舞的技術員建立好信賴關係，在必須做技術性說明時請求他們的協助。

另一方面，和「平庸業務」同行的技術人員是很不情不願的。因為平時就不信賴對方，即便是碰面討論，也只是勉強傳達些訊息。顧客自然會察覺到這點。在此前提過的訪問調查中，也有分析出了「業務與技術人員間關係不好的組織業績不會成長」的法則。

●生產

製造商業務員會輸給競爭對手的主要代表原因中有價格・交期・規格。

因此「頂尖業務」會用心在生產部門上。若有了信賴關係，稍微勉強一點的降價、縮短交期、變更規格等都能獲得回應。若能順利傳達出客訴，就能改善規格、持續接獲訂單，生產部門也會心生感謝。

反過來說，「平庸業務」總是傳達出不正確的資訊、總是給人添麻煩，所以不受人信賴，就算他拜託人家，也沒人理會。因此容易陷入無法回應顧客要求而錯失訂單的惡性循環中。

若有業務只會舉出價格・交期・規格為獲取訂單的失敗因素就要注意了。與和顧客建立關係同等重要的，就是和公司內的生產部門打好關係。若無法從生產部門那裡獲得良好的條件，就不能說是「頂尖業務」。

●市場行銷

業務與市場行銷部門（以下簡稱「行銷」）本來應該要合作，齊心協力地去行動，但卻經常能見到彼此間關係不太好的例子。

業務會抱怨：「希望能開發出更好的顧客與案件。」行銷則會說：「好不容易提供了潛在需求，都是因為業務沒有好好經營，業績才沒有成長。」彼此都會認為是對方的錯。也是有行銷負責人因為學了最新的市場行銷理論，而把業務放在底層看輕他們。這樣的想法自然會傳遞給對方。

業務會說：「明明就不知道現場的實際情況，若單只是靠理論就能跑業務，就不會那麼辛苦了。」而不相信行銷擬定的對策。他們只會將那看做是「沒用的紙上談兵」，不會想澈底執行。

業務與行銷的合作若不順利，就無法順利開發案件，顧客的滿意度也會下降。最顯著的表現就是研討會的後續追蹤。行銷是否有將與會人員的名單立刻分享給業務呢？業務在收到名單後是否有去做追蹤（負責人的分配、追蹤應對等）呢？這些都是業務與行銷應該確實開會討論並澈底執行的基本。

若沒有相互合作，就會變成是灰色區塊，彼此都認為對方會去做，導致應對得有些遲了。像這樣的例子也很常見。

銷售業務的正確做法 29

若不想被顧客討厭，最好是和公司內部打好關係

第4章

銷售業務的正確做法‧高級篇

給想成為「絕對王牌」的人

■雖然公司內獲得了眾人的認可，但絕對不能輕忽大意。維持現狀跟退步是一樣的。
本章匯集了許多訣竅，讓各位能和其他業務拉開壓倒性的差距，成為遙遙領先、無可動搖的存在。

真的有建立起關係嗎？（1）

平庸業務▼**靠喝酒來交流**

頂尖業務▼**一起解決問題**

對「頂尖業務」而言，最重要的過程就是「拜訪調查」，其次則是「建立關係」。

話雖這麼說，但內容也很模糊不清。說到建立關係，很多人都會聯想到「以酒交流」。我不是否定以酒交流，可是要建立關係，本來就不能只靠喝酒。要記住，**透過解決問題，才能建立起真正的關係**（建立關係也和第二章中提到的「對諮詢的應對」有關）。

有種方法可以客觀測量和顧客建立起來的關係到什麼程度。

「頂尖業務」有個測量的方法，可以測量和顧客的「關係建立度」。為了建立起真

正的關係，可以使用簡單的量表檢測，具體了顧客對你的接受度到哪裡。

以下介紹E製藥公司的具體案例。在第一章我們有交代過，醫藥業務稱為「MR」。下圖表示MR和醫師之間建立關係時的**「關係建立表」**。

簡單說明怎麼看這張圖表。

縱軸是目標醫院的醫師姓名，橫軸是檢測和該醫師建立關係的基準確認項目（換作一般說法就是，縱軸是要去建立關係的顧客，橫軸是測量關係深淺的具體內容）。

首先，在訪問前，上司和下屬要一起逐項對著這張表，一起構思如何推進和醫師的關係。要把握醫師對於醫藥以及醫藥外的需求，討論接近醫師的方式、準備好資料等具體行動。

接著在實際拜訪後共享結果，包括醫師反應如何？關係有進展嗎？若進展不順利，就要重新演練下次的作戰方式。每次拜訪時，要針對每一位醫師調整應對方式。

活用關係建立表的重點在於，上司要坐在一旁一起思考。在第31項中出場的K所長，告訴了我以下事項。

■ 和醫師關係建立的檢測表

	醫院名稱	醫師姓名（醫師接受自己的確認項目）	1 對方會跟你打招呼嗎？	2 會挪出必要的時間給你嗎？	3 有好好聽你說話嗎？	4 有對說明提出問題嗎？	5 有具體說出關於採用藥品的事嗎？	6 醫師是否曾找過自己商量事情？	7 私底下的事也會跟你說嗎？
1	○○綜合醫院	松山太郎	○	○	△	△	△		
2	○○綜合醫院	今治次郎	△	△	×				
3	△△醫院	宇和島三郎	◎	○	◎	○	○	○	×
4	□□診所	越智四郎	◎	○	◎	◎	○	○	△
5	××內科	伊予五郎	×	×	×				

★上司不可以對所有人說：「自己去想！」有些MR可以自己想出和醫師加深關係的方法，有些MR則不行。上司必須陪著無法自己想辦法的MR一起思索。

★一起思索時，不要面對面，而是坐在對方旁邊，擺出兩個人一起思考的姿勢。思考該醫師的為人和需求，讓MR畫出能切入的點以及醫師的人際關係圖，並同時參考得到的資訊，一起思考具體的辦法。

★這麼一來，上司自己也會思考，會把它當成是自己的事。

以上即是具體使用關係建立表的事例。在此，稍微說明一下MR的工作。

MR的工作是提供醫藥資訊給醫院的醫師，請他們開立自家公司的藥給患者。為了不打擾到病患看診，MR多在看診的午休或診療結束後的夜間拜訪醫師。

一般人應該不會注意到，在醫院後門等不顯眼的地方，都有穿著西裝的MR排成一列，等待醫師的空檔時間。

然而，即使等了那麼長的時間，MR也只有一、二分鐘可以和醫師說話的時間。碰到了面，醫師頂多瞄一眼MR，大多不會看著MR的眼睛認真說話。這一行有個讓MR想哭的詞：「秒殺」。

這麼短的時間，是沒辦法認真說上什麼話的，無法完成工作任務。為了讓醫師挪出時間聽自己說話，就要打聽該醫師在醫藥和醫藥外的需求，以及你們可能共有話題，並協助醫師解決。像這樣一點一滴建立起信任感的過程是不可或缺的。

建立關係這個詞是很抽象的，不同的人解釋也不一樣，靠頭腦思考只會平添愁悶而已。關係建立表絕非花俏華麗的工具，簡單卻很有效。

能清晰整理出醫師名單、關係建立表、該做的事（接近的方法），就能將進展視覺化。

我們雖然舉了醫藥界的ＭＲ為例，但**建立關係不僅是業務的工作，而是幾乎所有工作最重要的成功特質之一**。

可以透過關係建立表改變自己工作時的遣詞用字。若單靠自己難以改善關係時，可以找上司商量，一起思考接近對方的辦法。

只要關係加深了一步，就會得到小小的成就感。和顧客的距離就會像爬樓梯般一階階往上，感受到彼此的距離縮短了。

然而，並不是給了業務關係建立表，他們就會拿來使用的。業務不會因為這些漂亮話就動起來。因此，我在下一項會介紹實際運用這張表而出現戲劇性改變的案例，這位業務拉近了和顧客的關係，進而變身為頂尖業務員。

銷售業務的正確做法 30

若想建立真正的關係，比起招待應酬，更要一起解決問題

真的有建立起關係嗎？（2）

平庸業務 ▼ 毫不在意地違背小約定

頂尖業務 ▼ 定義並檢測關係

接續前項，身為MR的S先生發生過一件很有趣的事。他實際運用關係建立表後，從平庸到不行的業務搖身一變，成為醫師圈子中備受敬佩的人物。他的小故事讓人印象深刻，雖然稍微長了些，但我還是跟大家分享。

S先生雖然有醫藥知識，但總是會不時違背一些小約定，因此不受人信任。醫師也不是一、二次宣布禁止他出入了。所長K先生很擔心這個令人頭痛的業務S先生，然而提醒了好幾次，他的態度依然故我。

有一次，發生了一件事。S先生要提交給外部的文件，因為做得太過隨便，於是上司提醒他要修正。提交文件的期限是隔天，因此一定要熬夜修改了。身為上司的K所長也有責任，所以陪著他一起加班。

S先生雖然道歉了，但還是一直表現出不滿和頂嘴。K所長忍無可忍，一腳踢了S先生，S先生摔了個跟頭，從椅子上跌下來（這樣的做法在現今職場算是職權騷擾了，絕對是不允許的）。

雖然對方是血氣方剛的年輕人，K所長氣得想飛撲過去時，S先生卻一直倒地沒爬起來……經過一段時間後，他仔細聆聽，竟聽到一陣哭泣聲，原來是S先生在哭。

「你覺得你這樣下去可以嗎？」

「我想做些什麼。」

S先生其實也想改變些什麼，但因為找不到人可以真誠討論而煩惱著。K所長雖然說了很刺耳的話，但卻是個對下屬情感很深的人。

K所長問他：

「要跟著我嗎？」

「希望您教導我。」

S先生點頭懇求道。

「既然這樣，就先踏實地照著我說的去做吧。如果你真的想做，我也會確實支援你的。」

從這時起，K所長和S先生兩人開始相互扶持，努力達成目標。首先，為了和醫師建立起關係，就要使用前述的「關係建立表」。他們挑選看起來比較有機會的醫師，設定二個星期後的目標。至於該採取怎樣的行動，則由二人商討後付諸行動，然後重複報告、確認。

結果，S先生真的改變了。他的態度不再隨便，也會遵守約定。連細微瑣碎之處也不輕忽。

過了約一年，S先生改頭換面，成了分店的頂尖業務員。因為感受到S先生的改變，分店其他業務也都提升了程度，三年內，營業額提升了三倍。

或許大家覺得，這只是一段美妙的故事，但這是真實事件。S先生之所以能成為頂尖業務員，是因為他站在患者的立場，拚命努力、專心致力於其他MR因心存懷疑而沒有認真看待的失智症地域聯合支援活動。

這件案子，醫師的醫藥需求就是有人可以擔任合作支援的溝通橋樑，並依靠當地人士支援失智症患者。S先生因為回應了這項課題，除了目標醫師外，也獲得了當地醫師協會極大的信任。

還有一則醫師協會的逸聞，明確證實了S先生的變化。醫師協會會長集合了當地的醫師，在集會上說：

「S先生因為地域合作活動很忙，無法一一到大家的診所拜訪。可是，大家知道的吧，S先生是為了我們而行動的。請不要讓S先生的業績下滑了。」

一般的MR單只是為了要確認和醫師會面的時間就很困難了，遑論要和醫師協會的會長見面，這是要特別處理的。然而那位會長為了一名MR而說出「即使他沒跑業務，也希望不要讓他的業績下滑」這樣的指示，真可說是特例中的特例。

在前項的結尾也有提到，單單只是向業務介紹關係建立表、說明效用，現場的相關人士仍不會輕易使用。但是看過這則故事後，相信應該有打動各位吧。期望更多的業務團隊能主動活用這張關係建立表。

對於「平庸業務」來說，他們需要像K所長那樣帶著愛心並提供支援的上司，所以請各位上司就當做受騙一次，試試看吧。相信一定會發生新的奇蹟的。

銷售業務的正確做法 31

若真的想得到信任，就要以關係建立表來改變行動

和顧客建立關係 32

顧客有告訴你他真正的課題嗎？

平庸業務 ▼ **一心只想販售商品**

頂尖業務 ▼ **從問題點切入**

在第30至31項中，談到了「和顧客建立關係很重要，所以要將定義、測量關係程度視覺化。建立關係不是透過招待應酬，而是共享問題」，要透過這方式去建立關係。

在這個項目中，我們會往下深掘**「透過共有課題建立關係的過程」**。一言以蔽之，回應顧客的諮詢並一起解決問題，就能建立起信任關係。

流程是：**「仔細聆聽顧客說的話↓共有課題↓幫助解決課題↓建立起信任關係」**。

若沒有仔細理解問題，就無法和顧客建立起真正的關係，也就不可能繼續下去。

我們經常看到這樣的重點：「為建立關係而解決課題」，所以在此，我要簡單定義

「課題」。**所謂的課題，就是顧客透過購入商品或服務，而能滿足的需求和解決的煩惱。**

以前的時代「只要製造出好商品就能賣」，但現今這樣已經行不通了。只以產品銷出去（product out）、賣東西為主的發想，是不會熱銷的。雖然有著程度上的不同，**但現今很多公司都轉換成了「課題解決型的提案銷售」。不僅僅只是推銷商品，而是類似於「諮詢銷售」的模式。**

十多年前，「解決方案銷售」這種說法很普遍，但也只是換個說法，本質上並沒有擺脫以往賣東西的發想。直到現在，還有不少公司沒有真正做到課題解決提案的。

即使大腦都知道，但實踐起來，卻是最難以轉換的銷售形式。本書會常常出現這類課題解決型的內容。

不僅是「課題」，關於「共有課題」的做法，最好要先統整好。共有課題有四個渠道，以下重新整理之前提到的內容。

①透過拜訪調查確認課題

不要單方面介紹要銷售的商品，而是透過詢問傾聽對方要求的事情，也就是對方的需求是什麼。這是建立關係的起點〔在「11訪問時能確實問出顧客的需求嗎？」（第八十四頁）有詳盡敘述〕。

②應對諮詢同時共享課題

若是得到信任，對方一定會來找你諮詢。好好回答問題，照約定回應難解的問題。即便不是一百分的答案，也要不斷協助顧客解決課題。這是確確實實得到信任的路子〔在「14被諮詢到和工作不太相關的事時會怎麼回應？」（第九十六頁）中有詳盡敘述〕。

③從提供的資訊中引導出課題

站在顧客的觀點提供資訊時，話題就會拓展開來，自然地顧客也會跟你諮詢他的課題。只要平常有掌握顧客感興趣的事，就可以找出你們可以共享的課題（可詳細參考第11和14項）。

④在持續商務活動時會出現的課題

若能建立起信任關係，在進行商務活動時，顧客就會出現「可以做到這件事嗎？」「可以想想辦法嗎？」這類的問題和期望。雖然顧客一開始可能說得很模糊，但可以一起找出顧客自己還沒明確意識到的課題或商業上的契機。

第八十六至八十七頁舉的醫藥業務例子，就是和顧客一起找出、共享課題的具體案例。有興趣的人可以參閱。

其他分散在本書各處的課題，或許用詞和細節不同，但業務根本性的關鍵課題就是「提升業績」「提升生產力」「削減成本」「改善品質」「環境問題」「活用新技術（IT、DX等）」「限制規則變動的應對」。請看看有沒有符合自己工作的例子。

銷售業務的正確做法 32

只要注意到這四種渠道，就能產生共享的課題

是否可以統整顧客的課題，並引導至正確的方向？

平庸業務 ▼ **認為購買商品才是主題**

頂尖業務 ▼ **讓顧客察覺到真正的課題**

第二章談到拜訪調查的訣竅中，指出了最好先統整好課題類型（參閱第11項以後）。比起籠統去詢問課題，只要先將課題格式化，課題就會被語言化、視覺化，內容既好懂，也更容易引導顧客。

重點在於，除了預先整理課題，還要將之類型化。「頂尖業務」為了有效率推進調查，會將常見的課題類型統整為十項左右。

詢問出顧客的課題沒那麼簡單。因為很多時候，連顧客自己都沒有掌握住課題。即使詢問他們：「您的問題是什麼呢？」顧客常常無法做出明確的回覆。

常見的錯誤，就是以為引進最新的產品或服務，就是課題。

把課題類型化時，詢問的做法和成效就會如下：

（1）事前先準備好資料，將課題類型化統整為十項左右

（2）在拜訪調查時，讓顧客看看資料並自己勾選

（3）因為將課題類型化為文字了，就可以同樣的話語整理，形成共享課題

（4）業務只要將課題設想成是問答題，並事先準備好答案，就可以幫顧客引導到想賣的商品上

若是請不善於做拜訪調查的「平庸業務」將課題類型化，他們的眼神會瞬間閃躲不定，似乎很難把各種浮現於腦海中的想法整理清楚。其實，只要願意實際寫下來，就會發現這些課題連一百或二百項都不到。顧客經常會提到的課題大概是十項左右，最多就二十個左右。

若只是在腦海中模模糊糊地思考，就會想出一堆有的沒的課題，若能整理好，就一定可以類型化。只要統整好調查表等資料，就可以引導出對方關心的課題和解決方案。

段。

要注意的是，不要把銷售的產品作為一項課題。產品或服務只是解決顧客課題的手段。

除了事前具體提出十項課題外，如果可以和顧客一起找出他們的課題，顧客一定會對你留下很好的印象和建立信任感。

可以參考以下將課題類型化的做法：

（1）從過去的提案或問卷調查可以找到課題的靈感

（2）將共通項目整理分類成十項左右的課題，並用好懂的文字呈現

（3）把要調查的問題寫在一張紙上（A4紙）

（4）在實際的拜訪調查中使用，並重複練習、提高水準

在解決顧客的課題前，也要先解決自己的業務課題。

為了讓大家對統整課題有個初步印象，我統整了「業務課題TOP 10」，請做為參考。

銷售業務的正確做法 33

為了統整效率，要將顧客的課題類型化

①想開發更多新客戶
②分享個人化的業務技巧
③應對後新冠疫情時代
④提高業務效率和生產力
⑤透過分工和團隊強化組織力，減輕負荷
⑥將能獲得成果的過程標準化、視覺化
⑦培育人才（提高經理、業務人員的水平）
⑧看不到業務的實際狀況和案子進展
⑨從心理學、強化意志力轉換成科學式的業務方式
⑩引進、替換、活性化DX工具

顧客最重要的課題是什麼？

平庸業務▼只想著賣出自家公司產品

頂尖業務▼優先考量對顧客有益的事

「平庸業務」只想著自己要銷售的東西。「頂尖業務」則會考量到「顧客的顧客」並進行提案，協助顧客招攬到他的顧客。也就是說，頂尖業務會幫助顧客提升業績，這就是為顧客解決最重要課題而做出的貢獻。

大家聽過「商品配置」這句話嗎？在超商或大型超市（以下稱「量販店」）中，多數商品都陳列在狹窄的地方。供應商為了確保自家商品擺在顯眼好銷售的位置，競爭很激烈。

若是飲料，最好的位置是櫃子上視線稍微高一點的地方。若是書籍，就要十幾二十本並排。這類展示空間，專業用語就叫做「平台陳列」。就算平台陳列位置不顯眼，但書可以平放，秀出書名封面，就會比放在架上的書顯眼，也更容易賣出。

以大型飲料製造商K公司的例子就會很好懂。以前，K公司在飲料市場上自豪於具有壓倒性的市占率，是君臨天下的業界王者。

可是，自從對手A公司發售極暢銷的商品後，K公司的市占率就被奪走了，第一的寶座拱手讓給了A公司。

K公司觀察社會環境後發現，因為受到少子化及消費多樣化的影響，已經無法期待銷售量在未來會有所成長，只能處於持平或稍微下降的狀態。K公司的經營團隊感受到強烈的危機感：「這時候若不進行澈底改革，別說是東山再起回到第一名，甚至連存活下來都有危機。」於是全公司開始著手「業務流程大改革」。

特別重要的部門就是業務部。公司提出了業務部門的變革目標：「依靠共享情報提升業務力」「轉變為擴大一般收益的路線」。

K公司經營團隊為了達成這二項目標，修正了之前的業務方式，轉變為「強化提案型業務」。同時也修正了之前只以結果為主的人事考核制度，改成「以成果和行動過程」的考核制度。

所謂的提案型業務，就是不僅針對自家的飲料，還要提案並打造含括其他食品的銷售活動。

例如在冬天，超市裡貼著「今晚吃熱騰騰的火鍋」POP的專區，現場也備齊了所有必要的食材。這樣的提案可以讓當天不知要煮什麼的顧客，可以成套購物，盡可能購買更多的商品。

業務負責人所使用的不再是「購買大量酒類就打折」這種陳舊的銷售方式，而是必須協助身為你的顧客的量販店，提升他們銷售業績，構思出各式各樣的提案。這種「Win-Win」的雙贏關係，幫助顧客提升銷售額，自家商品也可以賣得出去。

K公司為了提升這類提案型業務的業務水平，引進了「流程管理」和「流程考核評鑑」。

在這產業中，為了讓自家市占率成長，只能奪取另外四間競爭公司的市占率。這可不是嘴巴上說說那麼簡單。

競爭對手會盡可能守住自己的市占率，哪怕只是一點點，也會拚命提升，所以必須耐心說服競爭對手的顧客，請他們改為銷售自家公司的產品，這時間至少需要半年，有的會超過一年，甚至三年的時間。

像這類需要長時間的工作，若只用短期成果來評鑑，任誰都不想做。因為這樣的評鑑標準只會讓大家追求能立即達標的工作。

因此，K公司首先列出想奪取市占率的目標清單，其次明確制訂奪取市占率的「流程」。

雖然公司制訂了既定的流程，在結果還沒顯現之前，過程中公司也會做出考核評鑑。為了獎勵業務員穩健踏實地奪取競爭對手的市占率，就要澈底改變之前的考核評鑑標準。

為此，首先要做的，就是將提案型業務中「頂尖業務」的流程視覺化。K公司在全日本約有一千五百名業務人員，只從中挑選約三十名優秀的業務員，進行訪問調查。

其次，就是分析他們的行動流程，確立「擴大市占率的致勝模式」。以此為基礎，制訂標準化的業務流程。

這樣就把同公司頂尖業務員的行動模式跟其他業務員共享。此外，他們也建立起了共享情報IT系統，比如具體提案成功的例子等。

關於人事考核評鑑，則是將成果指標和活動流程指標的比例，都同樣設定為「百分之五十」。在業務部門中，成果考核評鑑當然是必要的，所以考核評鑑占百分之五十，但流程也和成果一樣占了百分之五十，強烈展現出「改變之前的業務做法」的經營理念，讓人印象深刻。

K公司這樣的業務流程變革，確實提升了效果。除了維持良好的業績，一般收益尤其大幅成長，達成目標。可是還不能掉以輕心，因為他們和A公司的市占率之爭仍在激烈進行中。不僅是A公司，其他競爭對手也虎視眈眈，極力擴大市占率。所以，必須以「流程管理」和「流程考核評鑑」作為努力的主軸，進一步強化企業體質。

「站在顧客的視角」，量販店賣場的負責人會思考商品陳列的問題，在眾多商品中，哪些該擺在哪裡比較好賣，所以會使用POS數據，每天驗證。

「頂尖業務」為了能幫上忙，會站在量販店顧客的消費者視角，思考該打造出怎樣的賣場，量販店的銷售額才會提升，並向總部提案。

在這種情況下，只考慮到要賣出自家公司商品的「平庸業務」，就沒有出場的分了。

銷售業務的正確做法

34

一起攻略「顧客的顧客」，為提升業績做出貢獻

高級戰術 35

能拿到座位表嗎？

平庸業務▼**把瑣碎的協調交給顧客**

頂尖業務▼**幫忙進行公司內部的協調**

這一個能代表跨產業、跨行業的成功特質，雖然在第一章已經介紹過了，但在這裡，作為「高級戰術」的一項，值得我們再重新說明一次。

「可以拿到座位表」。各位能猜出這一招到底在說什麼嗎？應該很少人想得到吧。

這是我拜訪精密機器製造商Y公司社長K先生時的故事。他有頂尖業務員的經歷，所以我問他如何分辨出頂尖業務。結果他回覆我：**「若要一言以蔽之，就是能不能拿到座位表。」**

聽到這說法，我吃了一驚。因為我以前也曾在販售不同商品的公司頂尖業務那裡聽到完全相同的說法。那是一家電腦周邊機器製造商的M公司。

這已經是十多年前的事了，現在應該不會再聽到這樣的說法了，這一招現在應該也無法使用了。

當下我一時間還沒想通，但事後回想，察覺這二家公司有著共通點。其實，這二家公司都會供應零件給販賣手機的大型通訊公司。說起大型通訊公司，也沒幾家，但他們的供貨商則是來源不同的公司。

手機要在窄小的空間內配置精密的零件，構造很複雜，常有通訊公司和零件製造商共同開發的業務、製造流程。

因此，零件製造商就必須和販售手機的通訊公司合作，和他們的相關部門反覆進行周密的討論和調整。

但是，通訊公司的業務負責人很忙碌，不太能抽出時間。此外，大公司的組織是縱向的，不太好合作。若把開會討論這件事交給負責人，排定會議的時間就很花時間和精力了，立刻影響進度。

對於零件製造商的業務來說，一定希望盡早推展進度，做好公司內部的調整，以趕上嚴格的交貨期；但零件製造商又不可能去推動訂貨方的通訊公司負責人加速行動。

該怎麼辦呢？**「頂尖業務」會代替通訊公司負責人，去跟相關部門作說明，代為擔任通訊公司內的橋樑角色。**

這時候，要一一請教相關部門的名稱、負責人姓名、聯絡電話等，對彼此來說都很麻煩，為了省去這些工夫，就得要拿到「座位表」或「組織圖」了。

當然，因為這是公司內部的機密資料，不是誰都可以給的。只有快速且抓得到重點的應對，並建立起信任關係的「頂尖業務」，才有可能成為負責人的代理，協助擔任顧客公司內部橋樑這項重要的任務。

「頂尖業務」就是在這種大型組織常見的狀況中默默努力著。而「可以拿到座位表」就成了努力的象徵性成果，而且還是二家不同公司的二位頂尖業務員的真實案例。

（注）這已經是十多年前的舊事了，如今要取得個人資訊不容易，所以要先跟大家說明，拿到座位表的做法已經不能使用了。

銷售業務的正確做法 35

代替顧客的負責人，擔任溝通橋樑的角色，協助公司內部調整

想得到大型案子的訂單該怎麼做？

平庸業務 ▼ **從正面玄關進攻**

頂尖業務 ▼ **從後門進攻**

任何業務都極度渴望能拿到高額的案子，一件案子就能達成該期的預算，又或是那些可以獲得社長獎的大案子。

然而，要獲得這種高額案子的訂單並不容易。

若以系統銷售為例，特定的供應商會尋找具相應規模的企業，並為了得到大型案子及持續地下單，而每天努力維持和強化彼此的關係。

另一方面，以開發新顧客為目標的其他公司業務，會重新建立系統或引進新的工具為契機，嘗試做些什麼來攻破防守。

若能轉換成基幹系資訊系統等大型系統更棒，但卻不是那麼容易。

一般來說，既有供應商是透過到目前為止所建立的系統，和顧客之間形成借貸關係。在這過程中，彼此也會建立起人際關係。不論競爭對手提出多麼好的企畫案、以政治力進行妨礙，既有的供應商仍會持續收到訂單，這一點也不罕見。

從正面玄關堂堂正正進攻，雖然也是很傑出的業務，但其實還有其他的入口，那就是**「破冰活動案子」**。**所謂的破冰活動案子，就是像溶解堅硬的冰塊般，讓新顧客能接受的小額案子**。

獲得正式預算前所拿到的小額案件，最多也就是一百萬日圓以下的規模。很多公司正式的投資案，必須經過內部裁決，而且在初期就已經編好預算了。但也有另一種情況是，會用多出來的預算試探性地購買產品及服務。

在系統相關的部分，例如嘗試引進ＩＴ工具（聊天等溝通工具，若是銷售業務類就是ＳＦＡ等）。如果是課題解決型的諮詢顧問業務等，也可以提案像是簡單的演講、研究會、先行的事例調查等等。

剛開始不太會賺錢的競爭案件，有時也是彼此建立關係的契機。若能花個二、三年順利得到任何的高額契約，就有機會在未來拿下大型案子，所以不妨把這些工作當成是播種案件吧。

若一開始就能獲得大型案子，就不會那麼辛苦了，但因為競爭對手也多，所以沒那麼容易。一般來說，都是艱辛的預算爭奪戰。相對的高額預算通常在一年前就開始了，一邊預先進行討論，一邊走上編列預算的步驟。

因此，小額案件雖賺不了什麼錢，但因為是破冰活動的案件，所以可以先從建立實際業績開始。這麼一來，和顧客就有持續見面開會的機會，自然就能調查對方的課題。雙方有了具體的商討後，就更容易得到較高額的案子。

如果不從正面玄關進攻，也可以從後門或岔路攻入，避開和競爭對手的艱辛競賽，獲取商機。這是「頂尖業務」技巧之一。

不了解這種策略的人，就會說出「要我去談那種賺小錢的案子幹嘛？」這種短視近利的話。如果有人認為這說法沒錯，這正是他不了解商業本質的證據。

破冰活動案件本身並不是以賺錢為目的。即使是小額，也應視為可以同時獲得金錢和業績，是值得高興的案件。

一般來說，跑業務及提案階段是拿不到錢的。為了要自然地滲透進新顧客的圈子

中，獲得大型提案的機會，這是成本低又有效率的做法。

和頂尖業務交流時，他們經常會告訴我這類破冰活動案件的事。在此以K軟體開發公司為例。

該公司是開發製造商系統為主業，若單只是這樣，可以用來戰鬥的武器就很少，為了增加與顧客的接觸點，他們還備齊了一系列的業務和會計系統軟體套件。

以下要分享的是K公司向之前沒有交易過、提供金融機關器材的G公司提案的事。

他們最初是從引進開發新客戶的業務強化軟體開始。以APS方式（就是現在所說的雲端）開始引進為期三個月的測試，是八十萬日圓的小規模合作為起點。

在引進期間，相較於強化業務，顧客更重視整備顧客管理清冊為優先。多年來，他們交付給金融機關的機器和零件型號管理一直都有問題。型號編定的規則很隨機，沒有統一方式，因此在處理顧客管理清冊的操作上非常繁瑣。

因此，K公司的負責人O先生和顧客討論，分析了多種型號編定規則，重新反過來思考編定型號的邏輯，建議使用同一套規則編定型號的提案。

一開始，儘管那是G公司長年營運的課題，但該公司的資訊部門不願承認自家系統落後，而面有難色，但因為自己也拿不出替代方案，只能舉手投降。資訊部門的態度漸漸緩和了，下訂了多年、合計以億為單位的系統開發案件。

如果想拿到實際業績，而不斷在正面玄關敲門卻得不到回應時，改變進攻路線也是一種方法。要瞄準的目標，就是競爭對手不擅長、不留意卻讓顧客困擾的地方。破冰活動的接近方式，有時候就是突破口。

「若推的不行，就用拉的。」乍看之下或許會覺得是在繞遠路，但破冰活動的案件規模較小，也不太需要花費時間和精力。有了小案件後，就有機會發展成持續性的商業往來，甚至接到令人意想不到的大型案子。

不要錯過提示或訊號，也不要覺得麻煩，就從小交易開始，漸漸擴大案子，也是「頂尖業務」的本事之一。

銷售業務的正確做法

36

不要一開始就瞄準高額案件，從破冰活動開始

高級戰術 37

是否和共事者創造雙贏關係？

平庸業務
▼
錯把共事者當成承包商

頂尖業務
▼
尊重共事者並當成重要的夥伴

「頂尖業務」會將公司外部的共事者當成重要的夥伴，並給予尊敬和靈活合作。所謂的共事者，指的是補足彼此的弱點，產生相乘效果的 Win-Win 雙贏關係。

但是「平庸業務」會錯把共事者只當成了承包商，無法產生真正的合作力量。

以下要介紹在共事者類型中最重要的特約店的故事。

大家知道特約店業務最大的課題是什麼嗎？答案是「強化組織性的夥伴關係」。

對製造、販售方來說，每年都會商討今年度業績要成長多少的目標。但是，特約店負責的商品不僅一種，每一類商品有數個廠商的情況並不少見。大家都會要求業績成長，但是特約店顧得了這頭就顧不了那頭，十分苦惱。

不斷開會討論預算和交期讓雙方都身心俱疲，最後得出的結果往往只是小數點的成長。花了一堆時間，只得到一丁點的回報。不斷在小數點的世界裡攻防也沒意義，無法大幅度提升業績。因此，澈底、有效的解決方法之一，就是強化組織性的關係，以求大幅提升市占率。

這裡我們可以參考經手大型電機製造通訊機器的H公司的做法。

H公司交付給業務部團隊的任務是達成市占率第一。這是一項很有挑戰性的任務，要把當時百分之二十五的市占率，大幅提升到穩定的百分之四十，為此所提出的業務措施有三點。即**①培養戰略特約店以及強化夥伴關係，②共同開拓提升交易數，③強化共同提案力**。

以下一一說明具體落實的行動。

①培養戰略特約店並強化關係

・**特約店層級**　為提高市占率，就要修正及重新定義層級，訂出戰略性的特約店。

為了讓特約店提升銷售額後能獲得好處，就要設定特別的獎勵措施。

- **針對提升市占率的特約店戰略** 以現有的四間主要店面是很難將市占率提升到第一的，所以要將培育新戰略特約店的候選店面列成清單。
- **具體化置換目標** 在與特約店達成協議後，明確將其他公司當成置換標的，以突破最高市占率目標的百分之四十。
- **強化組織性的關係** 不要將過多事項交付給戰略特約店（A級）的共事者負責人，並在組織上再度確認經營層／關鍵人物／擔任指揮的人。上司也要視情況拉來董事級的人員，以建立一種公司面對公司的關係。

在這裡，有一點很重要，就是強化組織性的夥伴關係。為了不讓特約店戰略成為紙上談兵，彼此間的高層／責任人層級／負責人層級的三階層要互相合作，並謀求強化組織性的夥伴關係。

②共同開拓提升交易數

——靠共同開拓發掘潛在需求，以求提升交易數

- **從正式交易前的潛在案件中共同開拓**　特約店會從交易層級（D）開始聯絡，進行正式的詢價。實際上，在這之前，另有潛在（G）／有需求（F）／深入討論（E）的層級。目前完全看不到這些，正式交易的只是冰山一角，且有可能在不知不覺中失去七至八成左右的潛在、需求層級。
- **共同開拓業務的手法**　實施、強化以下三種手法。

業務同行：決定好業務同行的規則，將對象聚焦在大型案件、標的客戶、破冰活動上。

上游提案：（1）複合提案（技術共享、OJT），（2）支援製作RFP，（3）靠SE／事業合作進行綜合提案。

強化活動：（1）產品發布會，（2）協商頒發銷售獎勵金，（3）社長會，（4）幹部交流會，（5）宣傳活動（特約店主辦／共同主辦）

- **共享潛在顧客資訊、名單**　一開始很難要求戰略特約店全面透露資訊，但若能一起跑業務，建立起彼此的信任關係，之後就能看到戰略特約店所有顧客層的概況。

③強化共同提案力

——強化和致力於置換他家公司、新案件的銷售公司、戰略特約店間的共同提案力

・**明確訂出強化的範圍**　現今銷售額的比例是（1）內部替換四至五成（2）替換他家公司＝三成（3）新客戶＝兩成。為了獲得市占率第一，就必須強化（2）替換他家公司和（3）新客戶。

與（1）內部替換相比，（2）和（3）比較花時間。即使還沒有出現成果，中途的KPI和過程評價等，都要設計標準和機制。

・**攻略業界**　針對之前難以攻破的產業集中銷售。具體來說，就是（1）醫療（2）護理體系（3）其他新領域（空白地帶）。

・**強化宣傳活動**　行動中最具效果的就是擴大銷售活動。即便是特約店主辦的，也有機會可以和他們共享參加者名單。為了讓戰略特約店積極共同開發，也要準備對他們有好處的東西，像是給予活動獎勵。

這裡介紹的是強化特約店的一部分方法。在現今的商業行動中，有些事情是超過一名業務員的能力所能處理的。如果能像上述的例子，由經營陣營主動負責指揮是最理想

的，若自己所處的公司還沒開始這麼做，可參考上面的提示，從可以做得到的事情開始，一一著手進行吧。

銷售業務的正確做法 37

若真心想賣商品，要強化組織夥伴關係

高級戰術 38

知道地域網絡的波及效果嗎？

在不知不覺中傳開了壞名聲

即使不是刻意的，好名聲也傳開了

大家知道業務中的「網絡理論」嗎？只有非常小部分的頂尖業務員會知道。如果是透過人際關係擴大商品銷售的業務，就能用網絡理論來說明他們成功的邏輯。

這是連「頂尖業務」都沒意識到的成功特性，然而做著該做的事情後，它的效果自然就會體現出來。只要說明這個概念，大家回顧自己到目前為止所做過的事，並將之理論化，就能理解了。

利用網絡的業務會進行如下的簡單流程。

①和顧客方的關鍵人物建立關係。②以那關係為起點，拓展信任網絡，打造讓人願意找你諮詢的機制。③為此，要設定共享課題的「小場景」，一點一滴建立起聯繫。我會將這流程分成三部分來說明。

①和顧客方的關鍵人物建立關係

在本章的前半部說明過，透過共享課題、一起合作解決，以強化和顧客的信任關係的重要性。這是利用網絡的大前提，所以我們再來回顧一次。

要和顧客建立起良好關係，一連串的流程如下：要好好傾聽顧客說話↓共享課題↓共同合作解決↓建立信任關係。

換句話說，所謂的打好關係，就是不斷「掌握需求＋共享課題＋共同合作解決」。這樣就會產生相乘效應，信任關係強化到N倍。

在首都圈、大都會圈以外的鄉鎮地區，以及自治團體的銷售業務，都能證明打好關係非常有效。

「頂尖業務」會協助解決看似與商務上沒有直接關係的地區課題，因此能和該地區關鍵人物建立信任關係。

因為得到信任，就能利用地區的人脈網絡，擴大業務的範圍。除了經常出現在本書的醫藥及旅行業務，想在地區開分店或營業所的公司，都可以參考。

②擴大信任網絡

在地區活動的業務，不能只談論商業上的話題，而要成為顧客全方位的諮詢顧問，傾聽諮詢與問題，並圓滑、靈活地做出應對，這也是業務的工作。其實顧客生活上和商務上的需求，界線是很模糊不清的。

一旦建立起了信任網絡，後續就輕鬆多了！因為會形成如下的機制：地域關鍵人物會帶人來向你諮詢，或介紹其他人來，如此一來就能推動商務發展。

若能打動地區關鍵人物，後續就能透過網絡得知各式各樣的課題和資訊。若沒有因此得到資訊，反過來想一下，就是沒有打動人心、不受在地人士信任的證據。「拿不出實際成果的業務」因在地區沒有得到認可和信任，所以沒有人找他諮詢事情。

懂得利用地區信任網絡的業務可以得到很多好處。除了能宣傳自家公司和其他競爭公司的不同，還能排除無謂的競爭、降低業務成本，是很有效率的一種行銷手法。

有種說法是「吃虧就是占便宜」，因為這也是在建立關係，或共同合作、形成網絡。只要累積「信用點數」，就有可能在工作上得到回饋。

一旦進入「能信任的人脈網絡」中，就能持續穩定發展事業了。信任可以催生生意。「頂尖業務」會站在中長期的觀點思考，所以這是他們在不知不覺中自然去做的高級戰術。

這種終極的顧客視角銷售業務手法，可以運用在許多行銷方式上。只要在地區或商業社群中得到信任，本人即使沒特別做些什麼，名聲自然就會傳播出去，促成事業的發展。「備受信任的業務」在不知不覺中就會越來越受歡迎。

反過來說，一旦失去信任，不好的名聲也會傳出去。壞名聲的傳布速度很快，不知道這個道理、只一心想追求自家公司利益的業務，不論持續多久、費了多少心力，獲得的利益都很少。「不受信任的業務」無法進入網絡內，朝著錯誤的方向努力，無論如何都無法得到回報，只會陷入悲慘的模式中。

透過共同合作來解決地區的共通課題，進而連結人脈這條的路子雖像在繞遠路，但卻是最有可能對本業業務帶來回報的方式。有些人會覺得這方法很耗時間和精力，沒效率，但商業本來就不是那麼單純的世界啊。

鄉鎮地區的居民，他們的內心世界不像都市那般只是冰冷的利益計算。地區居民為了自己長久居住的地方考量，會觀察誰才是真正可以信任的人。他們不會只靠口頭上的提案就做出評價。他們會澈底找出誰才是真正會為了地區利益而負責到底、並做出應對的人物。

③打造小場景並建立聯繫

若想透過人脈網絡，打造出讓大家願意帶著課題來找自己諮詢的機制，關鍵就是擔任顧客之間的紐帶和橋樑，「打造小場景、建立聯繫」。

訣竅有兩點。第一，「使用地區居民的話語，把關鍵人物的話語和潛在顧客的課題意識連結起來」。在展示商品和服務前，表現出「我們一起思考、著手解決地區課題」的態度，就是打動顧客、獲得信任的關鍵。最後，你想銷售的產品就是用來解決地區問題的工具而已。依循這個順序就是第二個訣竅。

還有要注意的一點是，業務不要過於突出自我。不論怎麼說，主角都是地區的居民，業務只是和他們一起解決地區課題同伴。要意識到自己是全身心投入其中，並擔任橋樑的角色，並且是默默地支援行動，這點很重要。若業務太過於突顯自己，顧客就會變得凡事太仰賴他人，不肯自行解決。這麼一來，就無法培育出地區的人力、財力，而且過程中一旦換了地區的負責人，案子可能會停滯不前。

以下列出幾個「小場景」的具體事例。

・與地區關鍵人物交換情報

顧客和產業團體之間的交流會、夥伴會議等聚會，就是建立彼此關係的活動。透過研討會、演講等，可以找到有相同問題意識的地區有心人士，進行資訊情報的交流、諮詢以及創意聚會。適當時，應酬和喝點酒也可以。

・工作坊

設置讀書會或提供資訊的場所。即使接到小額的訂單，就有破冰活動的效果，而且能透過這樣的機會建立彼此持續性的對話。

・研討會、論壇

大規模的研討會、論壇、座談會、演講等大場景，似乎很有成就感，但要考量的是，支出的費用和得到的效果性價比未必很好。很多例子都顯示，因為場地規模太大，很難一對一見面、談話，也就很難有後續的發展。此外，舉辦大場地的活動，也要費心思建立後續追蹤聯繫的機制。小規模場地比較容易和對方見面談話，事後也容易建立聯繫。因為小場景不須花費那麼多心力，對業務來說，負擔也較少。

我們可以以第一章提到的，製藥公司和旅行社業務都有共通的「地區合作活動」為例，它們都是活用網絡的最佳案例。藥品和旅遊是完全不同的商品，但在銷售業務上卻有著共通之處，就是透過地區合作活動以建立關係、運用地區關鍵人物的網絡（在第一章的「◎藥品和旅遊的銷售流程是一樣的嗎？」中有詳盡的敘述）。

內容雖然完全不同，但壽險業務也可以用網絡理論來說明。壽險的「頂尖業務」主要是透過他人介紹來拓展業績。在介紹的圈子中，若要用理論來說明壽險業界跑業務的風格，就是「創造人脈網絡，拓展介紹圈」。

銷售業務的正確做法 38

活用信任網絡就是地區銷售成功的祕訣

第5章

銷售業務的正確做法・頂級篇

給以「科學方式銷售」為目標的人

■不僅要拿出成果，還要以科學方式、理論性的銷售為目標，才是嶄新時代「頂尖業務」的榜樣。以 DX 工具收集來的資料作為參考，把業務流程視覺化和共享，並為提升團隊整體業績做出貢獻。

你知道「頂尖業務」與「平庸業務」的不同之處嗎？

平庸業務 ▼ **花時間製作資料**

頂尖業務 ▼ **把時間花在能獲得成果的流程上**

這部分在第一章提到科學式業務流程分析時已經介紹過了，但作為「把收集到的數據視覺化」的其中一項，我們有必要更仔細說明。

我們常會用「頂尖業務」和「平庸業務」這樣的說法，其中一項指標當然是能否拿出成果，至於在行動模式上有沒有不同之處，則顯得模糊不清。

因此，以下將用具體的流程來顯示其中的差異。請看下一張圖表。二張圖表以數據顯示了「頂尖業務」和「平庸業務」行銷業務流程的不同之處（再次列出第一章第

■「頂尖業務」與「平庸業務」間業務流程的不同之處

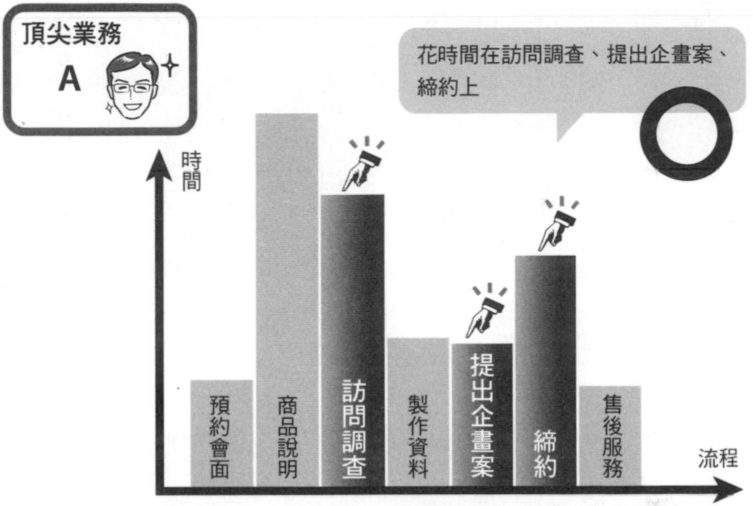

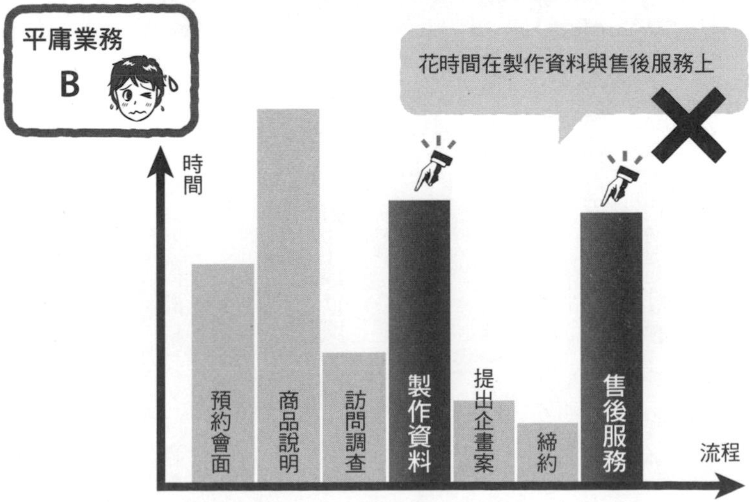

三十一頁的圖表）。

上圖是持續做出成果的「頂尖業務」（A先生），下圖是以自己的方式努力、卻苦於業績一直沒提升的「平庸業務」（B先生）。

橫軸是為了獲得成果而進行的「業務工作流程」，從左至右以時間順序排列；縱軸則是用柱狀圖來表示「花在各流程上的時間」。

比較二人的情況可以發現，從「預約會面」到「商品說明」幾乎沒什麼不同，但是以下各項就出現了差異。

頂尖業務員A先生是把時間花在「拜訪調查」（確認顧客的課題及需求）「提案」（提出企畫案或展示）「締約」（針對合約做價格、交納期限等的條件交涉）。

另一方面，平庸業務B先生的情況又是如何呢？可以看出，他把太多時間花在「製作資料」（製作提案資料等）以及「售後服務」（包含應對客訴等）上了。

製作資料或售後服務雖也是必要的流程，但B先生花太多時間在這上面了，結果，反而沒什麼時間去處理本來可以提升業績而該傾力去做的拜訪調查、提案，以及締約等重要流程。

只要巧妙運用支援業務的系統（SFA／CRM），就可以即時察看這些數據。

若自家公司已經引進SFA／CRM，也可以看到行動分析的數據，業務自己就能以「頂尖業務」的標準，調整自己努力的方向和自我控管。

除了進行自我控管，還要透過上司的指導，加速達成業績。

本書雖然是寫給業務員看的，但由於讀者未來可能會擔任業務管理職位，所以才寫了頂級篇，並加入管理的重點。

以下舉例說明，在行銷業務會議時，針對業務員工作流程的不同時，該如何指導的範例。想像一下，上司正和為業績煩惱的B先生比對後者和「頂尖業務」A先生的數據資料，這樣邊觀察邊指導是比較有效的。

二人將可以提升業績、而該投入心力的流程（該做的事），以及應該更有效率完成的流程（交給他人去做的流程），以客觀的數據資料為基礎，確認B先生是否按照上司教導的確實做到。

透過每天的溝通，持續以數據資料為基礎的視覺化指導，確實可以提高業務的水準。

單單只是把「頂尖業務」的行動模式視覺化，並讓「平庸業務」模仿，就能加快業務的成長，也會帶來更好的業績成果。

銷售業務的正確做法

39

時間應該要花在拜訪調查、提案、締約上

把收集到的數據視覺化 40。

有專注在該做的事情上嗎？

平庸業務 ▼ 做自己認為正確的事

頂尖業務 ▼ 決定哪些事要交付給別人做

前一項已經說明了「頂尖業務」和「平庸業務」之間的不同之處。到目前為止，我們還有件事沒有提到，所以在此，我們要從二一七頁的同一張圖解讀另一件事。

那就是，**上司想要下屬去做的事，不一定會和下屬實際去做的事一致。大部分的原因都在於「該做的事」（＝重要的流程）本來就不明確。**上司和下屬的立場、觀點都不一樣，問題意識也不同，所以會產生偏差。倒不如將產生偏差視為理所當然，比較不會有壓力。**「頂尖業務」和「平庸業務」之間的差異也是出現在這裡。**

上司和下屬一同出席會議後，只要交出一份報告，就會看到這種偏差。雙方認為重要的部分，幾乎都不一樣。

要消除偏差，**就一定要弄清楚「該做的事」（＝應該專注的事），以及「可以交給別人去做的事」（＝透過團隊或組織分工的機制，有效率地進行）**。

「頂尖業務」很重視工作的「流程」。為了獲得成果，會確確實實執行流程。因為他們知道，成果會隨著正確的流程而來。

本書經常出現「流程」這個詞。這是很重要的關鍵字，我想再次說明清楚流程的意思。

本書所謂的流程，指的是**「公司組織認可能提升業績，以及改善業務效率所必須的『標準流程』」**。

另一方面，各業務自作主張「只用自己認為是對的、公司並沒有正式認可的流程」，則不是標準流程。

到目前為止，幾乎所有公司都沒有制訂標準流程，都是讓每個業務按自己的方式去做。因為沒有明確制訂可以取得成果且有效的流程，業務也別無他法，只能靠自己摸索，用自己認為是對的方式努力工作。

這麼看來，自作主張的做法雖然不恰當，但這也是因為公司內部沒有設計好確切流程，才不得已那麼做的。

本書以下列的意思來使用「流程」這個詞。

流程（＝標準流程）

為了提升業績及改善事務效率，公司組織統整出標準化的流程（「標準流程」）

該做的事

公司為提升業績而獎勵實行的流程

交付別人去做的事

這是推動業務時所必經的過程，不一定事事要本人親自去做，而是透過分工機制提高效率

我想強調的是，**為了能因應「該做的事情」，有些事「交給別人做會比較好」，我們要清楚這一點，並張弛有度地進行。**

每一個流程都很重要，一旦少了任何一個，都無法順利進行工作。可是，我們自己要把目標放在如何有效率地提升成果上。因此，除了弄清楚哪一個流程具有較高順位

外，還要專注其上，這點很重要。

「頂尖業務」能張弛有度地把「該做的事」和「交給別人去做的事」處理好。為了做到這點，要跟公司內部可以協助自己的同事打好關係。不僅是對顧客要打好關係，在公司內部也要如此。

銷售業務的正確做法 40

張弛有度地做「該做的事」以及把事情「交給別人去做」

把收集到的數據視覺化 41。

能找到工作上的瓶頸嗎？

平庸業務 ▼ **無法進行拜訪調查**

頂尖業務 ▼ **有人會告訴自己祕密**

「跑業務時，拜訪調查是最重要的。」這點我強調過很多遍了。那麼，不善於拜訪調查的業務員該怎麼辦呢？一般人的想法是：「強化拜訪調查。」

若是「頂尖業務」，就能在拜訪調查中實踐成功的特質，像是「區分顧客商務上的和個人的需求」「不要忘了若自己是顧客時的心情，要去理解顧客真正的需求」「活用拜訪調查表，減少漏聽的情況」等等。

但是，就算大腦了解拜訪調查的重要性，還是有業務會煩惱於「在拜訪調查上無法獲得協助」。**原因就出在拜訪調查的前一項流程中。**

在第二一七頁中，我用圖表顯示了「頂尖業務」和「平庸業務」工作流程的不同之處。**拜訪調查的前一項流程是「商品說明」。之所以無法順利進行拜訪調查，問題就出在這個「商品說明」上。**

連商品說明都沒辦法做好的業務員，大概可以推測出其業務能力如何。對顧客進行拜訪調查時，目的就是要顧客坦誠說出自家公司的課題，所以顧客不會跟無法信任的業務員討論。就算問了顧客有什麼課題，對方也不會回答。

即使拜託對方，對方也不會說，這樣在拜訪調查上就無法得到協助。

因此，「無法進行拜訪調查的業務」首要任務就是獲得顧客的信任。為了讓顧客能確實理解產品，最低限度要能將提案的產品或服務說得簡單易懂，而且一定要好好回答顧客的問題。

為此，做產品說明前，可以透過角色扮演等方式，找前輩協助自己練習。記下常見的問題，給出顧客心服口服的答案，然後確實做到「能讓人信任的商務禮儀」（參考第四十二～七十一頁）和「諮詢應對」（參考第九十六～一〇四頁）。

請不要忘了可以獲得信任的基本行動：「快速應對」「事前準備」「寫筆記」「直接了當回答問題」「遵守約定」「好好做到理所當然的事」「一絲不苟地做完基本事

項」。

我們把觀點再提高一些。到目前為止，我們談了「無法充分做到拜訪調查」這個問題真正的原因，就出在之前的「商品說明」和「信任關係」上。

讓我們從這裡尋找瓶頸，從更高一層的觀點來看待銷售業務工作。這麼一來，就會察覺到更大的問題，那就是幾乎所有業務員都會遇到的問題：「沒有獲得成果」。

在獲得成果前，你需要什麼？那就是「流程」。也就是說，之所以沒有獲得成果，問題就出在之前的某個流程上。

若不正視那個問題，不論多麼渴求成果，都不會成功。我們要在之前的流程中探尋原因，而不是在成果上糾結。

會轉化為成果的數字，就是做了該做的事，換句話說，成果是因為執行了正確的步驟而來的。沒有獲得成果的原因，經過分析一定是某個流程出問題。

拜訪調查是取得成果前最重要的流程，但是大家常遇到的問題。若想改善，就好好關注前一、二項流程吧。

銷售業務的正確做法

41

若覺得進行得不順利時，就關注前一項流程

你會在問題環節之前的流程中，發現真正的原因和瓶頸。

把收集到的數據視覺化 42

有沒有把時間用在「真正的業務」上？

平庸業務 ▼ **只用了百分之十五**

頂尖業務 ▼ **最多用了百分之四十**

在第39項中，我們以具體流程揭示了「頂尖業務」和「平庸業務」的不同。此外，我們也指出了「平庸業務」會花過多時間在製作資料及售後服務等不太能提升業務成果的事務上。我把這樣的狀況製成了第二三一頁的圖表。

我們將拜訪調查、展示、條件交涉等實際上會和顧客碰面、洽談的時間，稱做「有效業務時間」。

在後疫情時代也包含了線上會議。大家知道一般業務的有效業務時間大概是多少嗎？

各位是不是覺得「應該有百分之三十至四十吧？」正確答案是：平均約百分之十五。

不論是何種產業、行業，都會落在百分之十至二十的範圍內。實際上，業務員和顧客會面的時間就是這麼少。

那麼，到底都把時間花在哪裡了呢？不同公司會有不同的情況，但大多是花在製作資料給顧客、製作給顧客的文件，以及製作訂單、與契約相關等事務作業上，還有應對客訴、公司內部會議等。

或許有人會認為：「業務是不是在咖啡廳偷懶呢？」當然，業務也不是沒有在咖啡廳內休息的時間，但那並非真正的問題。

倒不如說，「頂尖業務」或「頂尖管理人」的想法是：「若有做好該做的事，就算去咖啡廳休息也沒什麼問題。自行分配時間是公司給予業務員能酌情處理的其中一個事項。因為是人，所以也要配合身體狀況來休息。」大多數人都會這樣合理地思考。

把話題拉回來。說到業務員，給人的印象就是大多在外頭和顧客碰面，只要做成數據資料，就能看到這項事實。

順帶一提，**有效業務時間也會因產業或負責的區域而有所不同，但最多就是百分之**

■ 大家知道自己有多少「有效業務時間」嗎？

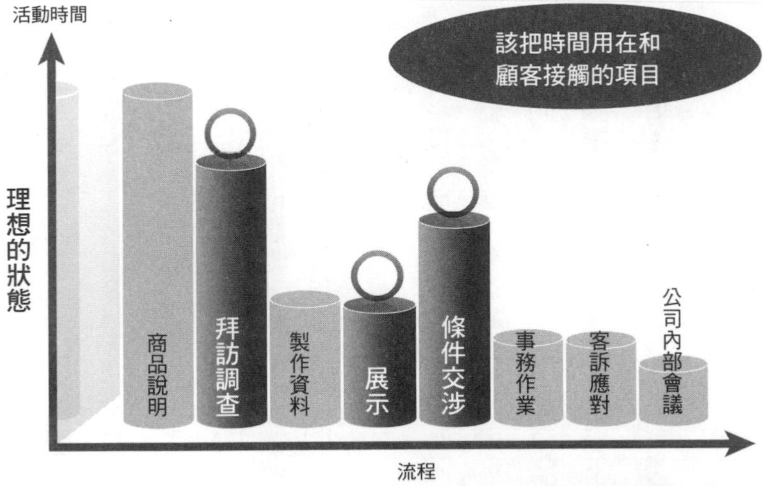

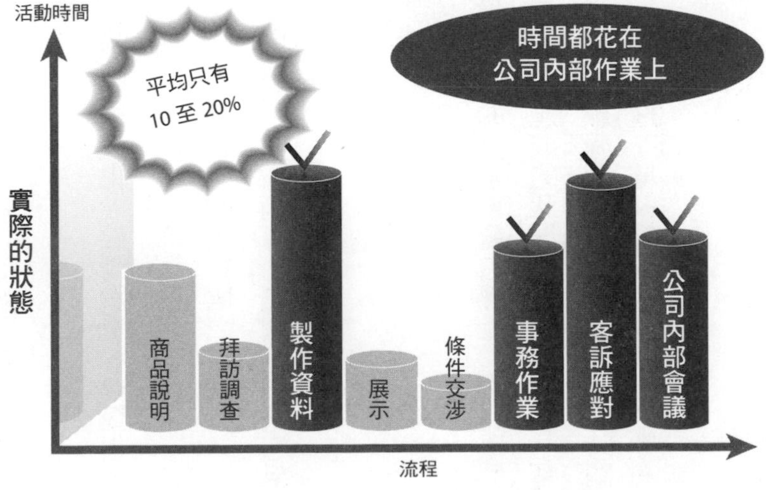

四十左右。移動時間、公司內部必要會議、最低限度的事務處理以及報告等，也是必要的工作，所以有超過百分之二十已經很好了。

如果有引進SFA／CRM，建議將有效業務時間數據化，檢測看看（視覺化）公司的業務員，到底都把時間花在哪個流程上了。

得出的結果大家應該會很驚訝，因為用在業務上的時間竟然比想像中的少。有效業務時間這個觀點，是透過數據資料將流程視覺化的例子，這個例子很容易理解，可以讓大家聯想到科學方式銷售。

以下要介紹關於實際檢測有效業務時間，並改善業績的案例。

在精密機器製造商T公司的業務部中，和競爭對手的競爭日趨白熱化，產品單價因此有下滑的傾向，若一直這樣下去，將會陷入預算難以達成的狀況。

在討論到因應對策時，有人提出了以下的看法：「感覺業務員待在公司內的時間似乎比較多。是不是本該花在和顧客接觸、拿出實際成績的時間（＝「有效面談時間」）少了些？」

後來他們計算有效面談時間，結果發現，這段時間竟然只有百分之十。原因是應對客訴及事務作業繁多，所以業務員待在公司內部的時間也就較長。

公司對這項結果感到很吃驚，於是把占用業務百分之十八時間的客訴應對，特別從業務部切割出來，交給支援部門應對。此外，因為業務也花了百分之十三的時間在事務作業上，於是也將這部分事務轉給公司內部的後勤管理部門，以減輕業務的負擔。

像這樣從根本上改善業務工作時間，就能將多出來的時間轉用在本來該做的業務行動上，以前只有百分之十的有效面談時間，因而提升到百分之三十左右。

然而，也有反作用，因為將客訴應對轉給支援部門，增加了該部門的負擔，所以又開始重新修正業務流程，減輕各部門負擔，提高效率。

只要將有效業務時間視覺化，就能具體改善策略。

銷售業務的正確做法 42

增加和顧客會面、洽談的「有效業務時間」

有去拜訪應該要拜訪的顧客嗎？

平庸業務 ▼ **經常泡在感覺舒適的顧客那裡**

頂尖業務 ▼ **也會去攻略那些難以接近的顧客**

「頂尖業務」會去「該去的顧客」那裡，也會去拜訪即使現在交易額不大、但將來有機會的顧客那裡。

另一方面，「平庸業務」則總是去自己覺得「容易接近的顧客」那裡。

請看第二三六頁的「顧客分類」圖。

【A區】是現在有很多交易往來，將來有機會的顧客。

【B區】是將來有機會，但現在交易較少的顧客。

【C區】是現在交易額高，但之後業績不太會成長的顧客。
【D區】是交易額低，將來也沒什麼機會的顧客。

【A區】的顧客，就算公司不做指示，任一個業務也都會去拜訪，是強化關係、擴大交易、增加商品材料、增加交易部門等的「深耕」對象。

【D區】基本上就是不必去拜訪的客戶，對方很空閒，會把業務員當成閒聊的對象，所以「平庸業務」就會去那裡打發時間。

雖然公司內部會有提升效率的應對策略，但面對這類顧客仍應該「重新評估」，一直這樣下去是否還要繼續去拜訪。

問題在於【C區】。交易多、關係好，也讓人感覺舒服，所以大多數業務都會把時間花在這裡。但是，若根據數據資料來計算花在每位顧客身上的有效時間，那麼，這樣的業務效率並不太好。明明不需要花費超過必要的時間和精力，但業務員卻禁不住想待得久些，浪費了時間。

現今是追求提升生產率的時代。常常只會去C區的業務並不值得讚揚。為求提高業務效率，應該「維持」現狀才是正確的做法。

■ 顧客分類

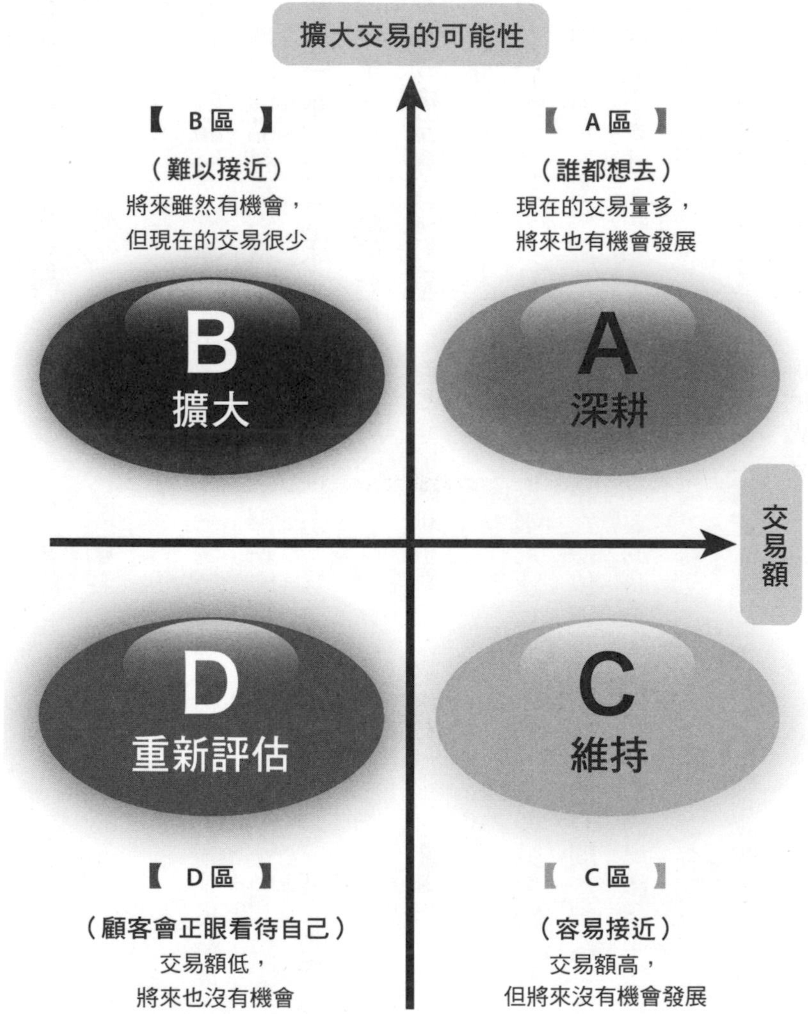
擴大交易的可能性
【 B區 】
（難以接近）
將來雖然有機會，
但現在的交易很少
【 A區 】
（誰都想去）
現在的交易量多，
將來也有機會發展
B
擴大
A
深耕
交易額
D
重新評估
C
維持
【 D區 】
（顧客會正眼看待自己）
交易額低，
將來也沒有機會
【 C區 】
（容易接近）
交易額高，
但將來沒有機會發展

「頂尖業務」會進攻【B區】的顧客

「將來有機會發展，但現在的交易量少」，例如對方是「競爭對手的主顧」。因此，很多時候都會因為競爭對手防守堅固而難以攻破，就算常去拜訪，對方總是相當冷漠。這對業務來說，就是難以接近的顧客。

而公司主管會希望業務去攻略【B區】。「頂尖業務」很理解這點，並且會動手去做，不找任何藉口。

補充一下，若主管希望業務這麼做，就應該在人事考核上給予獎勵。若只評價眼前的數字，對於業務來說，費心思攻略艱難的【B區】就沒有半點好處了。

若業務員能用正確的流程接近【B區】的顧客，公司就應該對該流程給予好評及回饋。

有些公司為了不讓業務泡在【C區】，會透過人事考核，以簡單易懂的方式傳達出經營者的意思。

製造空壓機的S公司明確訂出這樣的考核標準：「比起從既有的顧客那裡獲得實際的成績，公司對於開發較高難度的【B區】新顧客，給予更高的評價。」不僅是實際的業績數字，開發新顧客也有獎勵，這樣的機制不會只看結果，也會對中間流程進行考核評價。

此外，為了不讓負責大客戶的老手業務員只安於【C區】，公司會在他們和顧客關係處於穩定的階段後，換成其他業務員來負責。

接手的業務若只是做了相同程度的績效，則完全不會獲得好評。公司只會針對接手的業務後來在既有顧客那裡提升了多少銷售額，以及靠自己的實力增加了多少新顧客進行評價。

澈底制訂公正的考核標準，結果這家公司的產品在國內市占率遙遙領先占了百分之六十五，在國外的市占率也提升到了百分之四十。

真正頂級的企業會以「維持小眾」這樣的信念為基礎，不擴充廣告和網頁，刻意隱瞞那塊市場不讓競爭對手知道，這是很精明的戰略。

銷售業務的正確做法 43

攻略現今交易量少、但將來有機會發展的顧客

科學式思考法 44

銷售業務的結果就是一切嗎？

平庸業務 ▼ **結果主義**

頂尖業務 ▼ **過程主義**

「科學式行銷思考」除了是頂尖業務很顯著的一項成功特質外，也是成功特質根柢的一部分。近來的趨勢是使用數據資料讓業務行動視覺化，並以科學、邏輯的方式看待行銷業務。**學會科學式思考法，是往後「頂尖業務」所必備的一大重要資質。**

我訪問一千名頂尖業務員所觀察到的，是「頂尖業務」在高效率追求成果的過程中，自然就會運用科學式的思考方式。

即使公司沒教，也會以自己的方式嘗試，然後從中找出成功的做法，也就是銷售業務的正確做法。這是他們最基本的特質。

反過來說，「平庸業務」則對非科學式的做法，也就是不考慮過程只追求結果的「結果主義」深信不疑。平庸業務不會深入思考，即使工作進行得不順利，仍重複採行同樣的方式，可以說是處於思考停止的狀態。

「科學式行銷思考」重視的是可以拿出成果的流程，是「流程主義®」式的思考方式，和向來慣於訴求心理學和個人化的「情緒式思考」不一樣。或許有人會一時不太明白我說的，這是因為至今為止，在傾向於心理學、決心的銷售業務方法中，還沒被提出來過的事實。

在日本，思考時常常以待人接物等性格面來做判斷，但光看性格是否就能斷定對方是「真正的頂尖業務」？這就不得而知了。銷售業務不是在性格競賽，人品雖是必要條件之一，卻不能保證可以拿出成果。「頂尖業務」中有很多例子都顯示，他們只是在扮演性格好的人。「能拿出成果的業務」在公司內未必是人格高尚的人，關於這點，只要想一想自己公司內的情況，應該就會認同了吧。

「結果就是一切」這是業務常會聽到、說到的老話。可是，我說得直白些，這是「錯誤的銷售業務常識」。這只不過是早期業務管理所虛構、灌輸給大家的「沒有科學根據的傳說」。

其實，在銷售業務中，「流程才是一切」。新的常識是「將可以得到成果的流程確立下來，並將流程視覺化，以確保業務都有做到那些流程。」

我會使用下一張圖來解釋原因。這張圖以冰山為例，表示「看得見的結果」和「看不見的流程」之間的因果關係。可以稱之為「冰山模型」。

利用數字可以簡單說明所有人都看得見的「訂單」和「銷售」。若用冰山來比喻，就是冒出水面的部分。

另一方面，那些可以幫助你獲得這份成果所必要的「拜訪調查」和「提案」等流程，一般不會將之數據化，所以很難看得出來。

水面下看不見的冰，是水面上的好幾倍，也就是說，**「為獲得成果而必須去做的流程」**是藏起來看不到的。

只要稍微思考一下，就連孩童也會明白，不做該做的事，是不可能獲得成果的。

可以持續獲得成果的「頂尖業務」，會默默做著只專注於成果的人所看不見的、位在水面下的**「該做的事、銷售業務正確做法的流程」**。若不關注那些隱藏著的事實，就無法期望會有進一步的飛躍。

因此，「銷售業務的流程就是一切」。不過，如果只要說說大家就真的會去執行，

■「看得見的結果」和「看不見的流程」

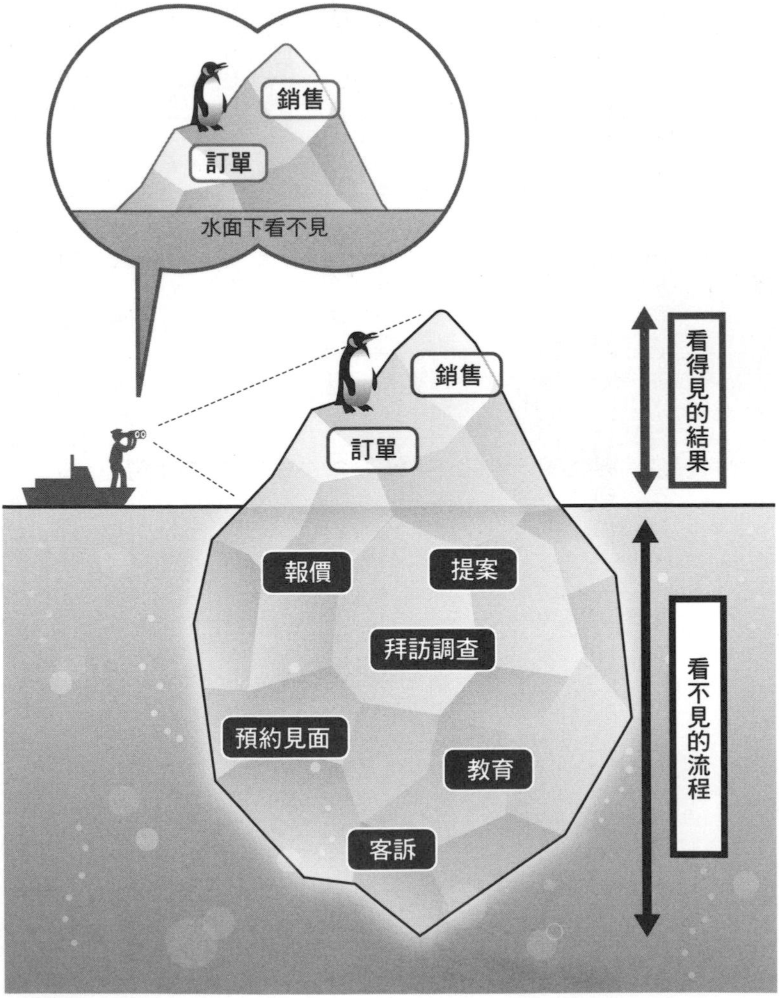

就不會那麼辛苦了。可以將流程視覺化，確認業務員是否確實做到。若沒做到就糾正。這樣樸實的做法，對業績的持續提升是很重要的。

現在的業務則要進入到下一個階段了，那就是「巧妙活用SFA／CRM等業務支援系統，讓流程可以被看見，並科學式思考如何提升業績。」

「重視結果還是流程？」這不是二元對立的議題，以上述的例子來說明，大部分的人應該都能理解吧。

「銷售業務的成果只存在於『正確流程』的延長線上」。

銷售業務的正確做法

44

銷售業務的流程就是一切！結果就在流程的延長線上

能自己找出「銷售業務的正確做法」嗎？

平庸業務 ▼ **認為有一百種可行的做法**

頂尖業務 ▼ **持續重複流程思維**

「頂尖業務」很重視可以拿出成果的流程。當然，也不是所有流程都是最有效的。頂尖業務不會認為，只要澈底跟著流程走，成果怎樣都無所謂。他們會思考在流程中該怎麼做，才能獲得成果。

不過，要留意的是思考流程的方式。本書關於流程的定義是「能提升業績和改善效率、且由公司或組織將之統整好的、標準化的『標準流程』。」

以前流傳的錯誤觀念包括「只要能拿出成果，過程怎樣都無所謂」「若有一百名業務，就會有一百種方法。」但是，大家都注意到了，日本經濟衰退的時代持續了四分之一個世紀，單靠心理學是行不通了。

目前的趨勢是，一點一滴地轉換成了重視流程的邏輯性業務。銷售業務相關的書籍，以及大眾也傾向於經過實證的理論性內容。

然而，滿腦子固守結果主義的人，直到現在還陷於「要重視結果或流程」這樣的二元論中。其實，過程的累積就是結果，結果和過程是不可分割的。結果主義就像宗教般，一旦過於講究結果，就看不到流程，會陷入停止思考的困境中。

所有業務都是確實做到「該做的事（流程）」，就會獲得成果。也就是做到我們說明過的諮詢、課題應對、快速回應、遵守約定，以及切合重點的提案。

該做的事＝頂尖業務的流程＝銷售業務的正確做法。

若苦惱於「拿不出成果」，首先就要分解流程，找出原因。要分析具體流程，找出無法獲得成果的原因，並思考如何改善，然後澈底執行改善策略。

反覆探索真正的原因，追尋本質，就能找出「銷售業務的正確做法」。我聽過一千

名頂尖業務員的說法，他們就是重複這樣的流程思維。

為了了解銷售業務的本質，請懷疑「結果就是一切」這種不正確的觀念。希望大家趁此機會深入思考「結果就是一切 vs. 流程也很重要」這個讓業務苦惱的主題。

有種方法可以簡單判斷有沒有做到流程思維，那就是用流程描繪出負責業務的俯瞰圖。簡單畫一畫就可以了，請將自己的工作流程畫成圖，也可以手寫在Ａ４紙或白板上。

或許大家會感到很意外，可以具體畫出整體流程圖的人和畫不出來的人，差異比想像中的還大。有人工作多年了，卻還畫不出來；也有人雖然年輕，卻大筆一揮就畫出來了。

「頂尖業務」立刻就畫得出來。因為他們平常就是用流程步驟，思考每一步怎麼做才能獲得成果。「平庸業務」不太下得了手，只能畫出一部分。因為他們沒有留意整體流程。

流程圖是獲得成果的指南針，畫不出流程，就無法有效率地獲得成果。能不能描繪

銷售業務的正確做法

45

用流程思維找尋可以獲得成果的致勝模式

出可以獲得成果的流程，就是試金石。

能否靈活參考和運用成功特質？

平庸業務 ▼ **認為其他業界的案例不能做為參考**

頂尖業務 ▼ **使用類推的方式靈活運用**

本書訪問了一千名頂尖業務員，整理出了跨產業、行業的「成功特質」。**想要解讀成功特質、活用在自己工作上，就要進行「類比」**。

類比就是類推。在邏輯學和教育心理學中，指的是「關注兩個以上不同事物的共通性，將其運用在關注的事情或要解決的課題上。」

簡單來說，就是模仿可以借用的地方。有點不一樣的是，這並不是單純的複製，而是要消化吸收後，費心調整成適合自己的狀況來運用。

世上有各式各樣的思考法，但有種說法是：「一切的思考都是從類比開始的。」因為學習既有的知識、著眼於新事物、思考自己要怎麼做，是學習的基本過程。

不只是業務工作，「頂尖人才」很善於運用流程思維。「頂尖業務」有類推的思考力，不會跟著既有做法，一旦找出該修正的點就會去改善。他們能在其他產業、行業的成功事例中，找出和自己工作共通的成功特性。

我們在稱讚人時，會用「舉一反三」這個說法，這不正是運用類比的表現嗎？

「平庸業務」即使看到類似的事例，也無法察覺它和自己的工作有什麼共通性，所以就無法拿來參考。即使經歷了相同的事，或得了提點，他們也無動於衷。若是沒有類比思考力，即使有了相同的資訊，他們還是無法取得成果。

頂尖業務員在公司內部沒有可以模仿的對象。他們是受人憧憬、模仿的存在。同樣地，第一名的企業也沒有可以模仿的同業。然而，要維持第一的地位，就必須隨著時代的變化而進步。

因此，國外領先的事例和其他產業成功的模式，就是參考的基準點。學習跨產業、跨行業的共通成功特質，並採用在自己的工作上，就是最快的進化法。

雖然一般企業會著眼在同業身上，但其實其他產業也有可以讓我們超越競爭對手的提示。當然，為了超越競爭對手，在某程度上也必須要去研究對方的做法。

話雖這麼說，但單靠這樣是贏不了的。因為競爭對手也會研究同業的做法，結果大家都歸納出相似的做法。最後只好走向比價格、比體力的紅海。

要找出藍海，就得將眼光看向其他產業。

對「頂尖業務」來說，為了不斷進化、找到下一個正確答案，必須學會的其中一項能力就是類比思考力，如此一來，就能借用其他產業的做法或領先事例等新知識。

據說，「頂尖業務」即使是下班時間，也會自然而然思考工作的事。他們在日常生活中也能發現值得參考的啟發，像是家人或朋友不經意說出的話、電視新聞和媒體文章等。這就是類比技能。

隨時打開搜尋解決課題的資訊天線，就能因某項契機，而察覺到對自己工作有所助益的共通項目。不論是業界的常識或同業的做法，透過類推成功特質找到銷售業務的本質，就會和別的業務拉開距離。

在銷售業務中，要運用類比思考，最好先著手具體的做法。

首先，就是忽略彼此的商品和用語的不同，還有不同產業的特殊性。

雖然很多公司都會說「我們的公司很特別」，其實他們的思考流程做法幾乎都是一樣的。這樣一般人幾乎沒有機會得知其他公司的流程。

要在其他產業的事例中找到可以參考的共通性，重點就在於將流程分類，關注在相似的流程上。

也就是思考他們特定課題的各種流程，例如要強化的重點、要克服的課題、要解決的瓶頸等。

分析成功或失敗模式時，也要運用類比，並把過程分解來看，就可以找出真正的原因。

只要合併類比思考和流程思維，就能窺見更深奧的銷售業務世界。

銷售業務的正確做法 46

跨產業種、跨行業，學習「頂尖業務的成功特質」

會分析出成功、失敗的模式嗎？

平庸業務▼重複相同的失誤

頂尖業務▼不僅是成功，也從失敗中學習

「分析成功、失敗的模式」的重要性，大腦雖然明白了，但幾乎所有的公司或組織都沒有著手進行。

另一方面，以科學方式銷售為目標的勝利組，通常經營者和業務主管都堅信「去做該做的事」，在他們的帶領下，大家就會穩健、踏實去執行。

為了共享成功拿下訂單、痛苦失去訂單的寶貴經驗，有的公司會將這些經驗作為新的人事考核評價項目。

拿到訂單時，一般公司會在會議等場合表揚業務，或是共享其內容，但失去訂單時，又該怎麼做呢？斥責業務？還是出於同情而什麼都不做，不了了之默默處理掉呢？

然而，失去訂單也是重要的經驗累積。不，正因為是失去訂單的案子，才藏有改善銷售業務方式的重要提示。透過分析成功、失敗模式所得到的寶貴、確實資料，就能找出正確的做法。然後在那種做法下功夫，避免重複同樣的失誤，這樣就能找到提升拿下訂單機率的祕技或啟發。

失去訂單時，即使在眾人面前責備業務負責人，讓他心生恐懼，在本質上而言，也不能解決任何問題，反而產生反效果。因為這樣會傷害下屬心理上的安全感，之後他們只會戰戰兢兢隱瞞失敗，在上司看不到的地方，重複著相同的失誤。

為了不重蹈覆轍，在公司內共享資訊，並將這些資訊活用在人才培育上，絕對是有好處的。自家公司的強項和弱點是什麼？透過「分析拿到訂單、失去訂單」，就能確立有效率的致勝模式。本著不犯同樣的過錯，不僅能提升拿到訂單的機率，銷售業務的生產力也會提升。

關於失敗的科學，有本名著叫《失敗的力量》（*Black Box Thinking*，*Matthew Syed* 著）。據說，**引起失敗的真正原因，就在公司組織的文化裡**。也就是說，導致重複失敗的真實根源，就在人為的失敗和失誤這類表面事件上。

如何看待失敗，就是該產業和公司組織的文化。這是能滲透並分析出成功、失敗模式最重要的一點。

無論如何提醒，人類還是會失敗。這就像沒有人是沒說過謊一樣，任何人都會失敗。不要因討厭失敗而將之隱匿起來，只要將失敗視為通往成功的路標，重新審視並回報，就會成為指引你改變行動和心態的寶貴「事實數據」。

失敗時，若還在掙扎「是否要為了驗證失敗的原因而花費精力和時間？」就是不對的了。反過來說，若吝惜花費時間和精力，反而會失去更大的收穫。我們可以斷言，**從失敗中學習，性價比是很高的。**

說起成功事例，一般人腦海中會浮現的資料大概只有一、二頁。這麼少的資料，是那些非常了解銷售業務的人，在聽了一、二個小時的講解後，自己統整成一則簡短勵志的故事而已。

雖然製作出令人感動的內容，會讓人更有幹勁，可是一旦要著手進行時，卻不知道該怎麼具體執行才好。缺乏再現性是個大問題。「因為是某某先生才做得到，我就沒辦法……」這樣反而出現反效果。這也是很多成功事例無法觸動人心的典型模式。

為了讓成功、失敗模式的分析結果具有實踐性，就必須分解具體的流程，提高再現性。要深掘並確定具體的流程，找出可以順利和無法順利進行的原因。

我們不僅要關注年輕的業務員，身為上司、前輩、同事，我們還必須扮演可以給予建議、指導的角色。真正成功的主因，就在那幾頁薄薄的紙中無法展現出來的更深層之處。

大型外食連鎖店M公司的店鋪開發業務部，就是很好的案例。他們活用了「分析成功、失敗的模式」，從公司那些阻礙成功的包袱中，順利改頭換面，從他們的事例中，可以學到很多東西。

「只寫下漂亮的成功事例沒有意義。失敗事例可以讓我們掌握問題的本質，所以更加重要。」N先生在M公司中擔任負責人，在他的指揮下，將過去各種案例完全搬到檯面上來，並回溯、統整過去幾年的「失敗／成功百選」。

把失敗擺在眼前，就意味失敗反而能讓我們學到更多的東西。

因為光是用口頭說明是無法完整表達的，所以才下了功夫設計出一種可以更完整分析失敗的機制。

首先，為了讓員工願意提供資訊統整「失敗／成功百選」案例，公司把它設為業務的其中一項任務，並會在人事考核評價中給予獎勵。

為了不要演變成指責大會或是在找尋戰犯，明確定下規則，過去的一概既往不咎，讓員工能夠安心配合制度。

半年後，因著手進行流程管理和改變人事考核評價，很快就改善了業績。一直徘徊在達標的店鋪開發數，達成率也從百分之六十四提升到百分之九十六，多了三十二個百分點。虧本的店鋪比例也從百分之十四大幅降為百分之二。

N先生的功績獲得認可，從最低位階的執行董事，晉升為統管業務部門的常務董事，之後更成了在科學式管理能力上獲得好評的M公司社長。

其實，本書也常提到分析成功、失敗的模式。我是以「頂尖業務」和「平庸業務」這樣的形式，對比出成功和失敗的模式，以突顯銷售業務的正確做法。

在一般業務和顧客的談判中，成功和失敗都是有可能的，心理上也會因此有所動搖。因此，在有意無意中，業務員還是會在結果或過程的辯證中思索。

可是，如果只是在自己的大腦中思考成功、失敗的因素，就很難打破窠臼。例如在失敗時，因為運用的是自己思考出來的方法，所以有很高的機率會再次運用同樣的做法。

所以，從共享情報或可參考的案例開始，慢慢將公司的夥伴拉進來參與，就可以集體分析出成功、失敗的模式。

這樣大家就能一邊活用公司的知識，一邊找出屬於自己的成功特質了。

銷售業務的正確做法

47

分析失敗的模式，是改善業務技巧性價比最高的方法

比戰略、戰術更重要的是什麼？

平庸業務 ▼ **半途而廢**

頂尖業務 ▼ **想辦法貫徹始終**

本書把重點放在邏輯／科學式的銷售業務技巧上，但就研究結果表明，**「要獲得成功，比起才能，更重要的是熱情和持續努力的力量『GRIT（恆毅力）＝貫徹始終的力量』。」**

到目前為止，我們多把焦點放在戰略、戰術上，但有項饒具趣味的調查，是關於現場執行力的。**那個理論就是「Operational Excellence」（卓越執行），指的是「在業務執行上，要有卓越的表現比想像中的難，而且業務執行是競爭優勢的源泉。」**

所謂的恆毅力（GRIT），指的是：「許多獲得極大成果的人，未必都是有才能的人。要獲得成功，比起優秀的才能，更重要的是，也要擁有熱情和持續努力的力量『GRIT（恆毅力）＝貫徹始終的力量』。」

這是賓夕凡尼亞大學心理學教授安琪拉・李・達克沃斯（Angela Lee Duckworth）所提出的，她的書《恆毅力：人生成功的究極能力》（*Grit: The Power of Passion and Perseverance*）在日本也是暢銷書。

作者在美國獲得了可匹敵諾貝爾獎、被稱為是「天才獎」的榮譽獎項：麥克阿瑟獎。

「頂尖員工」即使碰到難題，即使資源不夠，也會想辦法貫徹始終。他們會先試著去做，然後從中觀察或得到提示，找出正確答案。

「平庸員工」不會立刻處理。他們會先列出做不到的理由，把事情往後推延。就算開始做了，也會半途而廢，放著不管。即使催促他們，進展也很緩慢，不論經過多久，都無法貫徹始終去完成旁人交代的事。

另一項關於「卓越執行」的部分，在一篇榮獲哈佛商業評論麥肯錫論文獎（二〇一七年）的論文〈比競爭戰略更重要的事〉（Why Do We Undervalue Competent Management）中也有介紹。（Raffaella Sadun 等人合著）

多年來，經營層首重著力於制定競爭策略，因為營運方式很容易模仿，對競爭優勢沒有貢獻。但是，根據調查了全世界一萬兩千家公司的結果顯示，Operational Excellence 才是產生好業績的競爭優勢泉源。

要做到卓越的執行，不是單靠口頭說說那麼簡單。在組織內要做得澈底是很花時間的，所以是無法輕易模仿的管理技巧。

這項研究，對於近年來過於偏重戰略、而不重視現場執行力的美式經營方式，提出了根本性的質疑。這是一個重要的觀點，讓我們回想起日本企業擅長的現場執行力的重要性。

若轉化為本書的觀點來說，就是詢問「頂尖業務」成功特質時，最多的答案是「只是做好理所當然的事而已」，這種沒什麼大不了的說法在書中也出現過好幾次了。

可是，勤勤懇懇持續去做理所應當的事或應有的操作，並不容易。即使大腦知道，能不能實際做到又另當別論。能確實做到理所應當的事是一種能力，是一種成功特質。

「頂尖業務」的操作能力（實務能力）很扎實，能快速應對顧客說的話，精準做到拜訪調查，並掌握顧客的需求。他們不會搞錯共同的需求、課題，以及諮詢的重點，能溫和應對。對於約定的事，也會在期限前完成。

「平庸業務」的實務能力則非常低。對於「完成該做的事」的意識很薄弱，很快就會放棄。首先，他們沒有正確理解顧客的需求。在應對顧客說的事、聽到的事、顧客拜託的事時，做得也不到位。不僅應對慢，還搞錯重點，且無法確實遵守約定。

若用語言來表述「完成力」和「卓越的執行力」，聽起來似乎很簡單、做起來也好像沒什麼意義，但卻可以說是超越成功特質的真理，因此才會受到世界頂尖大學心理學、經濟學、經營管理學教授的關注。

銷售業務的正確做法 48

要成功，比起頭腦好，更重要的是熱情、努力，以及完成力的「GRIT」

結語

最初，我提案給出版社的企畫書是關於「過程主義」的書。很遺憾，那個企畫沒有過關。理由是，內容雖具有實踐性，效果也很好，但讀者群僅限於經營者和管理階層，應該不太會賣。

可是，在討論企畫時，出版社說的一句話，給了我另一個可能性。**「頂尖業務有著跨產業、跨行業共通且一般性的技巧。」**這句話就成了本書的基石。

跨產業、跨行業的共通技巧，我曾以創業為目標，辭去原本貿易公司的工作，轉往ＩＴ世界時，就注意到了這點。我原本就想創業，想尋找商業的機會，並預感到「今後ＩＴ會發揮重要的作用」。

之前，我一直從事船舶融資的工作。可以和全世界的顧客一起工作，雖然讓我覺得很有價值，但站在仲介的角度來看，卻覺得有些不足。此外，我也少有機會接觸終端用戶，感受不到自己對社會的貢獻。

因此，我下定決心改變職業生涯，轉行投入當時大熱潮、備受看重會有大幅飛躍的ＩＴ產業，最後則是決定轉職去販售核心系統（ＥＲＰ）軟體的外商公司。

我意氣揚揚、滿心雀躍期待「在新的ＩＴ產業中，能從事數位商務。」但是換了工作一段時間習慣了之後，我突然發現到一件事。

在軟體公司工作的流程幾乎跟我在貿易公司時期一樣。

「拜訪顧客↓說明概要↓建立關係↓訪問調查↓提案」，這樣的流程和船舶的業務幾乎一樣。不同點大概只在於使用ＰＰＴ提案，以及用ＩＴ業界才有的軟體展示。

那時候我覺得有些不可思議，而且也是我第一次體驗到二種完全不同產業的共通性。

有往來的顧客跟我說，我的強項就是能掌握了難以言語化的「頂尖員工」的技巧本質，並將這些本質標準化、視覺化。於是，我活用這項優勢，訪談了超過一千名的頂尖業務員，把他們的技巧統整成「視覺化工具」這份資料。

本書所介紹的四十八項「銷售業務的正確做法」，就是將那些業務的成功特質濃縮成菁華，以可以再現和理解的方式形諸筆墨。

其實，在視覺化的工具中，也包含了**「流程視覺化圖表」**（參考下圖），這是把本書解說的內容整體結構統整為一張圖表。即使販售的商品及服務不一樣，但只要透過這張圖表就可以清楚知道，流程都很相似。

不過很遺憾的是，本書雖有為目錄設置流程標籤，但卻沒有詳盡深入。因此，**我想將這張「流程視覺化圖表」作為禮物送給各位讀者。**請見第二六六頁。

話說回來，最初我在企畫書中所構思的過程主義®，當中有個困擾就是，會顯著區分出知道和不知道的人。過程主義®簡單來說，就是代替成果主義的概念，是將「易於取得成果的流程標準化、視覺化，並和人事考核相結合，以支持員工的努力。」

了解的讀者立刻會知道其必要性，但是不了解的人，則不論說明幾次都不會了解。

有注意到科學方式銷售、視覺化、過程評價等主題的人，以及那些靠自己不斷測試、改

表 Ver2.

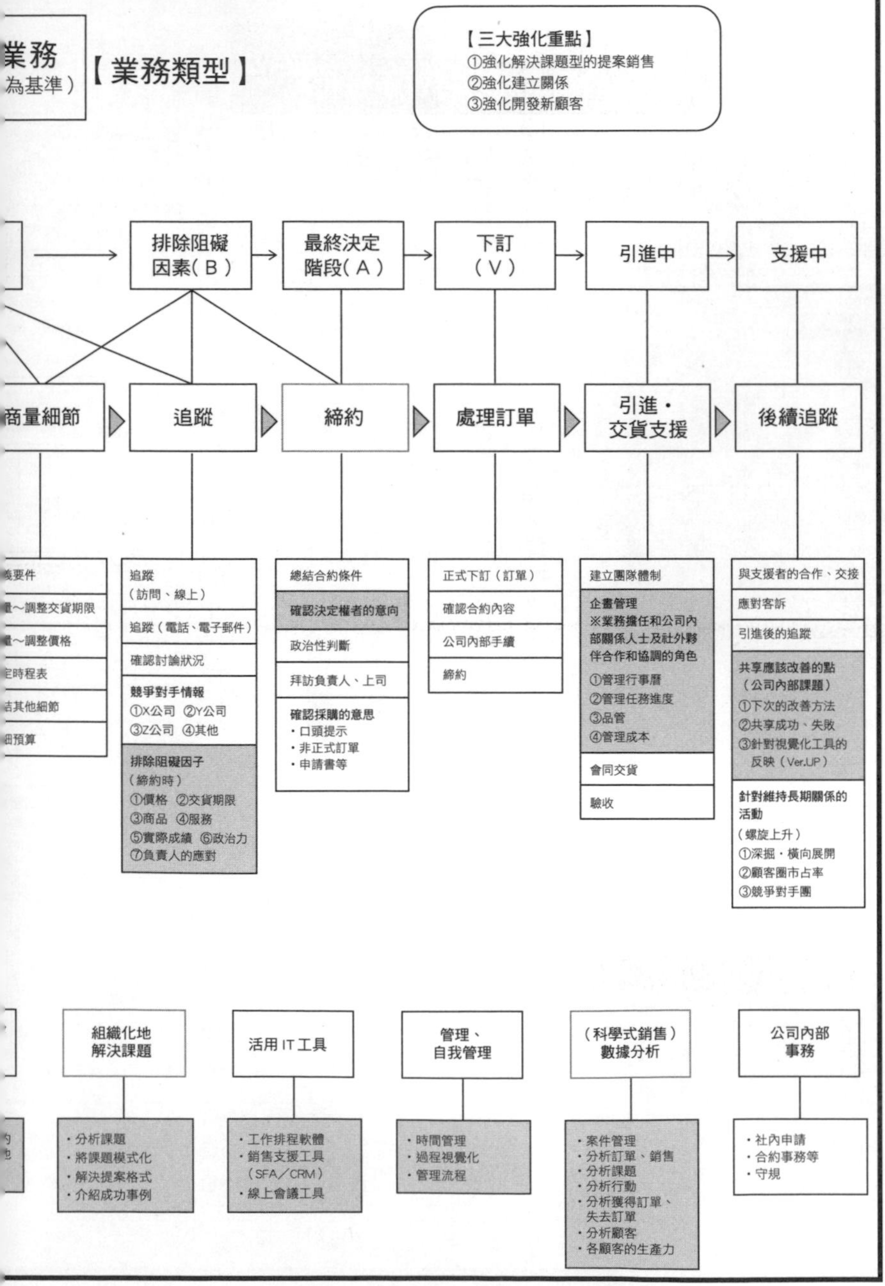

業務
為基準）
【業務類型】
【三大強化重點】
①強化解決課題型的提案銷售
②強化建立關係
③強化開發新顧客
排除阻礙因素（B）
最終決定階段（A）
下訂（V）
引進中
支援中
商量細節
追蹤
締約
處理訂單
引進・交貨支援
後續追蹤
義要件
量～調整交貨期限
量～調整價格
定時程表
結其他細節
細預算
追蹤（訪問、線上）
追蹤（電話、電子郵件）
確認討論狀況
競爭對手情報 ①X公司 ②Y公司 ③Z公司 ④其他
排除阻礙因子（締約時） ①價格 ②交貨期限 ③商品 ④服務 ⑤實際成績 ⑥政治力 ⑦負責人的應對
總結合約條件
確認決定權者的意向
政治性判斷
拜訪負責人、上司
確認採購的意思 ・口頭提示 ・非正式訂單 ・申請書等
正式下訂（訂單）
確認合約內容
公司內部手續
締約
建立團隊體制
企畫管理 ※業務擔任和公司內部關係人士及社外夥伴合作和協調的角色 ①管理行事曆 ②管理任務進度 ③品管 ④管理成本
會同交貨
驗收
與支援者的合作、交接
應對客訴
引進後的追蹤
共享應該改善的點（公司內部課題） ①下次的改善方法 ②共享成功、失敗 ③針對視覺化工具的反映（Ver.UP）
針對維持長期關係的活動（螺旋上升） ①深掘・橫向展開 ②顧客圈市占率 ③競爭對手團
組織化地解決課題
・分析課題 ・將課題模式化 ・解決提案格式 ・介紹成功事例
活用 IT 工具
・工作排程軟體 ・銷售支援工具（SFA／CRM） ・線上會議工具
管理、自我管理
・時間管理 ・過程視覺化 ・管理流程
（科學式銷售）數據分析
・案件管理 ・分析訂單、銷售 ・分析課題 ・分析行動 ・分析獲得訂單、失去訂單 ・分析顧客 ・各顧客的生產力
公司內部事務
・社內申請 ・合約事務等 ・守規

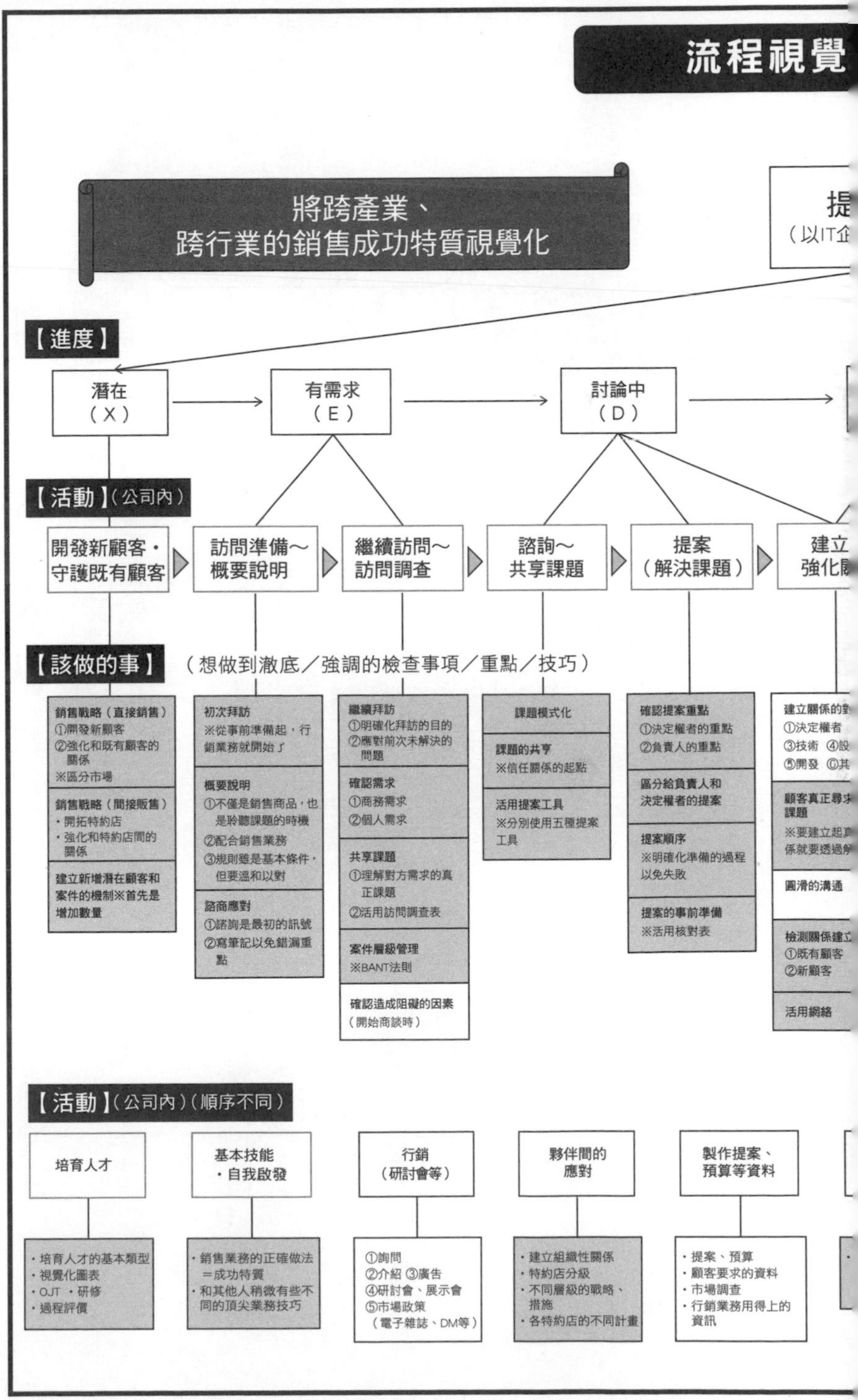
流程視覺
將跨產業、
跨行業的銷售成功特質視覺化
提
（以IT
【進度】
潛在（X）
有需求（E）
討論中（D）
【活動】（公司內）
開發新顧客・守護既有顧客
訪問準備～概要說明
繼續訪問～訪問調查
諮詢～共享課題
提案（解決課題）
建立
強化
【該做的事】
（想做到澈底／強調的檢查事項／重點／技巧）
銷售戰略（直接銷售）
①開發新顧客
②強化和既有顧客的關係
※區分市場
銷售戰略（間接販售）
・開拓特約店
・強化和特約店間的關係
建立新增潛在顧客和案件的機制※首先是增加數量
初次拜訪
※從事前準備起，行銷業務就開始了
概要說明
①不僅是銷售商品，也是聆聽課題的時機
②配合銷售業務
③規則雖是基本條件，但要溫和以對
諮商應對
①諮詢是最初的訊號
②寫筆記以免錯漏重點
繼續拜訪
①明確化拜訪的目的
②應對前次未解決的問題
確認需求
①商務需求
②個人需求
共享課題
①理解對方需求的真正課題
②活用訪問調查表
案件層級管理
※BANT法則
確認造成阻礙的因素
（開始商談時）
課題模式化
課題的共享
※信任關係的起點
活用提案工具
※分別使用五種提案工具
確認提案重點
①決定權者的重點
②負責人的重點
區分給負責人和決定權者的提案
提案順序
※明確化準備的過程以免失敗
提案的事前準備
※活用核對表
建立關係的
①決定權者
③技術 ④設
⑤開發 ⑥共
顧客真正尋
課題
※要建立起
係就要透過
圓滑的溝通
檢測關係建
①既有顧客
②新顧客
活用網絡
【活動】（公司內）（順序不同）
培育人才
基本技能・自我啟發
行銷（研討會等）
夥伴間的應對
製作提案、預算等資料
・培育人才的基本類型
・視覺化圖表
・OJT・研修
・過程評價
・銷售業務的正確做法＝成功特質
・和其他人稍微有些不同的頂尖業務技巧
①詢問
②介紹 ③廣告
④研討會、展示會
⑤市場政策
（電子雜誌、DM等）
・建立組織性關係
・特約店分級
・不同層級的戰略、措施
・各特約店的不同計畫
・提案、預算
・顧客要求的資料
・市場調查
・行銷業務用得上的資訊

進並尋求本質性解決方法的人，就能理解。

例如，有些書籍的作者有較多的機會和負責層級、部長等有決定權者談話，所以寫出來的書是針對管理層面的，所以和那個層級的人就很談得來。

另一方面，對課長層級和底下的新手來說，則隱約會感覺到有一個問題是：好像有點不太能理解？

若是這樣，就會變成適合閱讀的人少了，對公司文化的影響也會降低。所以我的課題就是：「該怎麼寫才能讓更多人理解呢？」

我抱著這樣的煩惱，在下一次討論出版企畫時，かんき（Kanki）出版編輯部的大西啟之先生給了我開頭那段的提示。我將主題從過程主義®換成了銷售業務的正確做法，並以簡易好懂的方式來講述過程視覺化，所以在本質上，兩者是一樣的。

大西先生反過來向我提案了「跨產業、跨行業頂尖業務的成功特質」的概念，在這裡，我想借這個機會再次表達誠摯的感謝。

顧客、課題和需求一直在改變，對銷售業務的要求也在改變，且複雜化。為因應這些，銷售業務的正確做法也需要改變。

本書只能介紹有限的成功特質，所以集中講述了在銷售業務上所需的本質性、普遍性的成功特質。各位讀者若能從中獲得什麼啟發，並找到屬於自己的正確做法，那就太好了。

若有人想將自己公司頂尖銷售員或頂尖業務員的流程標準化、視覺化，請務必與我聯絡。除了能幫上各位的忙，我也想更進一步拓展見識。

我期待能和各位讀者見面，並有機會聽你們告訴我新的銷售業務的正確做法。

山田和裕

二〇二三年一月

成功拿下訂單48招頂尖業務銷售技巧

專訪1000位各產業頂尖業務，整理出你也能做到的銷售、建立關係的科學方法

作者　山田和裕
譯者　楊鈺儀
主編　劉偉嘉
校對　魏秋綢
排版　謝宜欣
封面　萬勝安
出版　真文化／遠足文化事業股份有限公司
發行　遠足文化事業股份有限公司（讀書共和國出版集團）
地址　231新北市新店區民權路108之2號9樓
電話　02-22181417
傳真　02-22181009
Email　service@bookrep.com.tw
郵撥帳號　19504465 遠足文化事業股份有限公司
客服專線　0800221029
法律顧問　華洋法律事務所　蘇文生律師
印刷　成陽印刷股份有限公司
初版　2023年8月
定價　380元
ISBN　978-626-97500-2-3

歡迎團體訂購，另有優惠，請洽業務部 (02)2218-1417 分機 1124

特別聲明：有關本書中的言論內容，不代表本公司／出版集團的立場及意見，由作者自行承擔文責。

國家圖書館出版品預行編目 (CIP) 資料

成功拿下訂單48招頂尖業務銷售技巧：專訪1000位各產業頂尖業務，整理出你也能做到的銷售、建立關係的科學方法／山田和裕著；楊鈺儀譯. -- 初版. -- 新北市：真文化，遠足文化事業股份有限公司，2023.08
面；公分 --（認真職場；27）
ISBN 978-626-97500-2-3（平裝）
1. CST: 銷售 2. CST: 銷售員 3. CST: 職場成功法
496.5　　112011640